58只猫咪_的
轻松日常

喵喵

22位
猫家长

与 **58**只

爱猫的喵趣日常

日本手工艺设计创作室 编

李潇潇 译

北京出版集团
北京美术摄影出版社

目　录

喵喵 **22**位 **58**只 猫家长
与 爱猫的喵趣日常

*此书中地图系原文插图

* 本书提到的猫咪年龄、状况等信息，
均为猫家长们于 2016 年提供。

22 位猫家长与
58 只猫咪
喜怒哀乐的日常小插曲

· ·

　　本书中登场的 58 只猫咪的日常与娱乐方式，都是在 22 位猫家长所提供的真实材料基础上编辑而成。每只猫咪都有独特的个性、生活方式、兴趣爱好……相信你可以通过猫家长视角拍下的爱猫日常照，感受被猫围绕的日常。

　　通过猫咪一整天的活动时间表和家中规划的障碍物等，分析得出猫咪的生活空间和私宅设计细节，并用简笔画展示分享。

　　另外，关于猫咪生病的花絮，因为有个体差异，仅供参考。

关于书中介绍的猫咪玩具

· ·

　　模仿制作书中介绍的 DIY 猫咪玩具，个别猫咪可能会误吞绳子或珠子。玩耍时请一定陪在它们左右。收纳时请放在猫咪无法够到的地方。

喵喵 **22** 位 猫家长
与 **58** 只
爱猫的喵趣日常

在日本家有一只或两只猫咪的日常

猫咪漫画

❶

据说如果只养一只猫咪,很容易沦为猫奴。

好有存在感
舍我其谁

是我想多了吗

生活中重要存在感的可视化

❷

这样继续下去好像真的会沦陷。

壮壮的

舍我其谁

快窒息啦~

❸

为了避免成为猫奴,从朋友里子家又领一回来只。

多一个家人可以减轻精神负担……

相互也有个玩伴

❹

一年后……

想多了想多了……

啊哈哈哈

舍我其谁

舍我其谁

疼爱加倍(却乐在其中)

漫画 & 插画:熊仓珠美(Kumakura Tamami)
也是本书 P80 的纽约猫咪们的室友兼猫家长

远藤家的

弥生

①

photos&report:
Keiko&Mamoru&Ryoko Endo

我毛色浅，有时会被质疑是不是真的属于三色猫诶……

弥生 女生

12月出生 14岁 约3kg
浅色三色猫
出生地：神奈川县川崎市
现居地：神奈川县川崎市

猫咪眼中的
家族成员

奶奶：温和的老人家。每次我蹦上桌子，她也只会轻垂眼角，叹气说："真拿你没办法……"

爸爸：偶尔会怒声呵斥，但其实是心最软的人。

姐姐：洗完澡要做拉伸运动的人。我也会跟她一起做喵式伸展。

妈妈：给我准备美味饭菜的人。虽然有些情绪化，但妈妈是远藤家最爱跟我搭话的人。

相遇

那时有位宠物医师朋友带来3只新生的小萌猫，我们决定收留其中个头最小，"喵呜"叫得声音最大的一只。后来其他的两只也住进附近爱猫的人家。我们家这只虽然品种是三色猫，但毛色却很浅，淡淡的如柔和春色。因此我们给它取名"弥生"（3月的日本古称）。从那天起，弥生健康成长，无灾无病，到2016年已经14岁了。

性格·习性

爱撒娇，我行我素，怕孤单（一定要在有人的地方睡觉），不认生，仔细观察家人言行。想让人抓痒或找人开门时，会锁定目标，蹭到跟前，用眼神诉求，并大声"喵呜"。

兴趣·特长

天气好的时候，喜欢长时间待在户外，扮演小区巡警。享受日光浴。有时来一场小狩猎，捕获一些小鸟、壁虎、蜥蜴。闲时打盹（窝在轮椅或任何其他的椅子上）。

健康状况

因为弥生可以自由出入家门，夏天在室外很容易被蚊子叮。远藤家给它脖子挂上驱虫手环。2014年右脚有肿块，去医院做了手术后，已经完全康复。

讨厌

吸尘器、被抱抱、被踩尾巴。

喵，麻烦帮我
开一下门～

与"龟吉"来张
亲密合影

雨天外出

雨天猫咪来到室外，弄脏脚有些麻烦。回家后要用毛巾擦洗，或在浴室用水冲洗，很费工夫。

"欢迎回家"的攻击

家人回家时，它总会愤怒般大声"喵呜"，像在咆哮"怎么这么晚才回来！"

爱在田间上厕所

走出玄关，"巡逻"完院子，阔步走向对面爸爸的菜园。看来弥生还是一如既往地喜欢在户外上厕所。还记得2014年左右刚做完手术，拆线之前的5天弥生都戴着头罩，白天出门也必须有家人陪同，当时特意在家为它设置了厕所，但弥生还是坚持去户外菜田"回应自然的召唤"。

喜欢

跳上洗手台、坐在抹布上、喝水道水、有人拍它屁股和背部、暖和安稳平静的日常。

喵呜～秋葵耶

爸爸的小菜园会收获各种各样的蔬菜。
我还是最喜欢在秋葵上蹭来蹭去了喵～

在院子"巡逻"的时候抓到的小蜥蜴，是纯天然的美味零食

质嫩爽口

小蜥蜴，美味无穷，喵呜～

蜥蜴⋯⋯

今天去哪里上厕所好呢……

老龄猫咪专用的健康早餐哦

5:00

7:00

今天天气好晴朗，处处好风光喵~

10:00

即将迎来新的一天

弥生的

悠长一天

懒洋洋，暖洋洋

5:00 ● 每天早晨5点起床，出门散步，多半是去上厕所。半个小时后回家，坐在浴缸盖子上等家里其他人起床。

7:00 ● 早餐时间。早上起来没什么胃口，只能少量进食。

10:00 ● 天气好的时候，会去家门口信箱附近惬意地晒太阳。

13:00 ● 白天要去周边"巡逻"，范围包括离家稍有距离的菜园，相当繁忙。

15:00 ● 趴在喜欢的桌子上，休息片刻。

19:00 ● 爸爸或姐姐会帮忙拍背。比起被抱抱，更喜欢被拍背的弥生。

20:00 ● 大家一起吃完晚饭后小睡一下。房间暖暖的，耳边传来家人的谈话声，电视机的声音……日常的声音让弥生安心。

22:00 ● 姐姐洗完澡后一起做拉伸运动。

24:00 ● 睡觉啦！

13:00

15:00

白天睡得不少，但晚上也照睡不误喵~

人的体温好温暖喵~

24:00

22:00

舒舒服服♡

19:00

蹭啊蹭

开门，我要
回屋啰！

开门，我想
出去玩！

出口和入口的不同喵～

家里玄关是它的出口，入口则是奶奶房
间的纱窗。两扇都是"半自动门"（叫家
人帮忙开门）。

弥生的
家中 活动范围

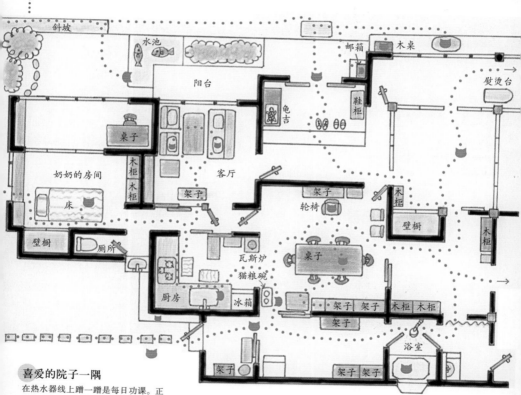

斜坡

水池

阳台

邮箱

木桌

熨烫台

鞋柜

龟吉

桌子

木柜
木柜

奶奶的房间

客厅

架子

床

架子

轮椅

木柜

壁橱

木柜

壁橱

厕所

瓦斯炉

桌子

猫粮碗

厨房

冰箱

架子 架子 木柜 木柜

架子

浴室

架子

架子 架子

喜爱的院子一隅

在热水器线上蹭一蹭是每日功课。正
津津有味品尝着装在红色汤锅里的水。
"在室外喝的水总是格外美味喵～"

喜爱的厨房一隅

餐具沥水篮是弥生午休的场所。
家人刚想把洗好的餐具沥水，抬
头就发现蜷缩在沥水篮里的身影。
"没有人会为此责怪我喵～"

湘南地区的

里露

photos&report:Koru

里露　男生

10月出生　12岁　6.2 kg
俄罗斯蓝猫
出生地：大阪府　现居地：湘南一带

猫咪眼中的
家族成员

A：我的奴隶。只要我一声喵令下，她就会立刻赶来，对我无微不至。白天当我的坐垫，夜里做我的棉被，想要跳上高处时，她也甘愿当我的垫脚石。

B（A的老公）：奴隶A的候补。A不在家的时候，也会给我喂饭，或打扫厕所，但家务干得马马虎虎。作为垫脚石比A高，每次听他把最近身材有些走样的我唤作"胖胖露"，我就想让他住嘴。

相遇

那时我刚从前一份常年出差的工作中解脱，过上了在家上班的日子，毫不犹豫决定要实现从小到大想养一只猫咪的夙愿。原本是爱狗人士的B，一开始对我的提议并没有表现出感兴趣，只是轻描淡写地说如果非要养猫，只能养黑、白、灰色的，以保证它的存在不与我们纯白的家居设计格格不入。经过几番交涉，我终于用灰色的"俄罗斯蓝猫"得到了B的核准。于是在翻遍了相关网页后，我最终看上了里露爸爸妈妈的俊美外形。住在大阪的育种师，坐新干线亲自将灰灰的小里露送来，于是我们在新横滨站第一次见到了这位灰色王子。

性格·习性

典型的俄罗斯蓝猫。性格十分神经质，与猫家长无比亲近，却将其他人类视作仇敌。摇铃的声音对它来说是敌人来袭的警报，且它仿佛可以听见超声波，在铃响之前就可以预测。一摇铃，它便瞬间从客厅消失。将猫家长A牢牢锁定在视线范围内，一旦没看到，就在家里竭尽所能地寻找。白天喜欢赖在猫家长的膝上，除非抱它下来，否则一直不肯移动；晚上则喜欢躺在猫家长面部上方。小时候更黏人，甚至有过因为看不到猫家长而太难受，憋着不去上厕所的小插曲……运动神经发达，12岁的高龄也能轻松跳到冰箱或高高的架子上。去宠物医院的时候，甚至因为太害怕，直接跳到了B（身高180 cm）的头顶

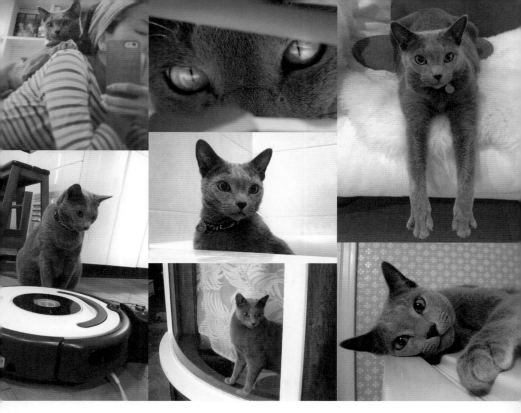

上，让宠物医师哭笑不得。曾经还练就一身忍术，飞檐走壁，接住扔给它的玩具，叼到你面前。热衷于跟猫家长互动玩耍，几乎每天都要邀请家人跟它一起玩"追逐者"的游戏。

兴趣·特长

最大的兴趣是做猫家长的跟踪狂。一整天追着 A 在家到处跑。一叫名字，它就立马跑过来；扔玩具给它，它也飞速捡回来。活泼的里露上蹿下跳的时候，稍微警告它一下，它就会立刻竖起尾巴，乖乖收敛。虽然没有特别跟它约法三章"不准做的事情一二三"，但是家里的各种观赏植物，以及 B 的小收藏品们都完好无损地摆在家里。如小狗般容易被驯服，大概也是俄

喜欢
猫家长（尤其是 A）、鸡胸肉、干制鲣鱼。

讨厌
除了猫家长以外的人类。近期的大敌是扫地机器人和指甲刀。

ZZZ…

无法呼吸了……

罗斯蓝猫的特征之一吧。

健康状况

里露不曾感冒或肚子痛，身体底子很好，内心却异常脆弱。一开始，它有点什么变化就立马患膀胱炎，我们小心翼翼，尽量不给它施压。随着它慢慢长大，它的性格也变得随性大方。里露曾经运动量超

群，但过了 12 岁，也不能像以前一样活蹦乱跳，把家里当作 3D 剧场，自由发挥了。于是体型也日渐浑圆，医师已经给出黄牌警告了，但猫咪的减肥真的非常困难，真不知该怎么办。

天亮啦~

6:00

好舒服喔

7:00

9:00

午餐时间！
快端上来！

12:00

5:00

即将迎来新的一天

里露的
悠长一天

懒洋洋，
暖洋洋

5:00　●起床。在家中四处巡逻，检查一下是否有异样。如果前一天运动不足，就会一边"喵喵"叫一边不拘无束地来回跑。巡逻完后，到卧室门口探查主人的状况。永远睡不醒的主人通常还在睡觉，于是只好作罢回到被窝（主人的枕头）上继续睡。

6:00　●第二次起床。又踩又推，或者干脆坐在主人脸上，使尽浑身解数逼主人起床。吃早餐。

7:00　●满足地吃过早餐，拉完便便后，在一旁悠闲地看着忙来忙去准备出门的主人，眯眼惬意地再睡一会儿。

9:00　●主人开始工作，它也上岗监督，看主人有没有走神。

12:00　●午餐时间。跑到自动喂食机的按钮前面等待。

13:00　●巡逻屋外。如果天气好，就顺势午休一下。

14:00　●午休完毕，回到主人大腿上卧着。热了就一边小声喵叫抱怨，一边跳到地面上，观察主人的一举一动。

17:00　●做腿等部位的拉伸运动。

18:00　●现场监督指导猫家长做晚餐。

20:00　●先去浴室等猫家长。有时会坐在浴缸的盖子上，在一旁观察猫家长有没有认真洗干净。

23:50　●坐在枕头上等猫家长一起来睡觉。困得脸快砸下去。

24:00　●终于要睡觉啦。

13:00

工作别偷懒哦

14:00

17:00

还不来……
ZZZ…

18:00

什么时候做
我那份？

快来洗澡~

24:00　快睡着了……　23:50　　　20:00

午睡的场所

一般在沙发上午睡。热的时候直接睡在地板上。

饮食地点

厨房一角的猫粮碗，是里露的专用位置。有时即便不饿，也会在猫家长吃饭的时候露脸。

监视的场所

监控猫家长行动的场所。❶❷❸❹❺ = 监视工作中的猫家长。❻❼❽ = 监视做饭的猫家长。

里露的
家中 活动范围

洗衣机

浴室

厨房

洗手间

床

猫咪厕所

工作台

电视

桌子

冰箱

碗柜

厕所

鞋柜

收纳

书架

纸箱

百叶窗

❶ ❷ ❸ ❹ ❺ ❻ ❼ ❽

✘ 禁止进入 禁止随意进入阳台

厕所

猫家长为避免里露换上猫泌尿综合征，把猫咪厕所放在卧室，以保证 24 小时随时查看。见自己每次去厕所猫家长都为此赞不绝口，于是里露上厕所都是跑着去！（里露话外音："其实我也不是有意要讨好她啦……"）

乐趣是：猫家长 A

里露的幸福瞬间

耶～！

需要帮忙吗？

当心

猫咪踩肩注意

不留神背朝朝猫咪，你就输了。它想跳上高处的时候，会唤你来垫脚，从高处下来的时候，又要寻求帮助。有时候很想告诉它：我又不是你的人字梯。

2

快摸摸我的头～

盯着看！

一直盯着！

讨厌访客！！

里露小时候，我们常常邀请朋友来家里做客，希望这样做可以促使里露性格更开朗合群。结果很少看到它与谁接触，计划宣告失败。

搭～

时刻被监视……

里露是个不折不扣的跟踪狂。通常一转身，就会遇上它的目光。
猫家长 A 一动，它就跟日晷似的，头跟着转来转去。

还在盯着！

里露喜欢的
多款历代玩具

你演的是假猫！
我才不会被骗呢！

麦穗和蝴蝶结
最近转而变为丝带派，不放过任何出现在眼前的绳带状物品。近来的最爱是一端绑着麦穗的绳子。疯狂玩耍，乐此不疲……

毛球逗猫棒
里露小时候是个不折不扣的毛球派。早上一起床就围着毛球转悠。（眼神充满"快来跟我玩耍"的盛情邀请。）

观赏各种塑料模型
每次一摆上新的塑料模型，就会坐在一旁入神地观赏。

回忆篇

原以为自己不会再换工作了，才把里露接回来的，不料才一年，就定下了去美国工作的事。一开始担心这只神经质的猫咪无法承受跨国飞行，想着干脆把它寄放在老家，正好我的家人也都很喜欢猫。于是带着它回老家住了几个月，适应环境。没想到这家伙竟然一直赖在我的房间，几乎不出房门。最后只好放弃老家寄养的计划，带它一起坐飞机去美国。里露不喜欢猫笼，往

返的航班上，我都抱着它在飞机上狭小的厕所中熬过约10个小时的飞行时间。（这种事现在很难想象了吧……）如果大家对国际航班的洗手间有任何疑问，欢迎与我联系。而对于当时没有尝到的经济舱飞机餐，我还念念不忘。

里露非常黏人，家里没人的话，它连厕所也会忍着不愿去上，还因此得过膀胱炎。完全无法把它对外界充满不安和排斥的它托付给任何人，所以我们的家庭旅行有一个原则：出门

24小时内必须回家。在美国居住的那段时间，不管去哪里最多也是两天一夜。还记得去圣菲(新墨西哥州)的那次，与机场租车的服务员聊起，我们从圣迭戈（加利福尼亚州）来，旅程是两天一夜时，对方丝毫不掩饰惊讶，说"你们一定是疯了！"（对此我报以尴尬而不失礼貌的微笑）。毕竟从圣迭戈到圣菲，差不多是东京到北海道距离的两倍多，根据当地有名的自驾游路线，开车去的话单程就要花费好几天的时间。

房地产商的营业部长

黑猫
不动产

吉子

(3)

photos&report:
Kazue Enomoto

这里有好
房源哦!

photos&report:
Kazue Enomoto

吉子　女生

4月出生　6岁　5.3kg　黑猫
出生地：神奈川县横滨市
现居地：神奈川县相模原市

猫咪眼中的
家族成员

爸爸：社长。一早就会给我准备食物，但不给我自由。**绝对**不想被他抓住。大敌。社长偶尔会早早地关店了，据说是去搞小型现场演出。

和子：性格不错的小姐姐。包容我的任性，陪我玩，也会喂我吃的，很好相处。

相遇

上一任营业部长猫咪"黑黑"过世后，我们到处寻找新一任部长。探寻到第三处动物保护机构时，有3只黑猫跑来跑去，其中一只鼓足劲黏在社长脚边。招架不住小猫软磨硬泡的社长，喜形于色（错觉）地当机立断"就是它了！"取日本摇滚之王矢泽永吉的"吉"字，准备给它取名为"黑吉"。但考虑到它是女生，就改叫"吉子"。

性格·习性

极度争强好胜。不喜欢被捉住，爱自由。如女王般娇蛮任性，也像小学三年级男孩般暴躁乖戾。

喜欢

除了猫粮以外的食物（主食＆零嘴）。太想吃好吃的以至于会在公司的电脑桌前跳到别人膝盖上（表达喜悦），或踩踏键盘（以示悲伤）。最爱钓竿系列的玩具。

讨厌

被社长从后面双手拎起来。讨厌被人捉住，极度抗拒剪指甲。

兴趣·特长

好奇心过于旺盛，最喜欢跳到高的地方。营业实习的第一天，就跳上

这一间如何?
采光条件很
不错哦!

吉子部长为你倾情推荐!

了复印机。从那以后就征服了无数座"禁忌之巅",例如社长引以为傲的吉他展示架等。本着"今天要比昨天更高,明天要比今天更高"的向上作风,每天都在挑战自我新高度。最大的兴趣爱好应该是……搞破坏。最爱咬有嚼劲的东西。在它眼中,老鼠的玩具不是用来追逐的,是用来咬碎的。

你说要找可以
养宠物的租屋?
交给我吧!

回忆篇

领回家第三个月的某天,它突然出现在阳台的栏杆上(位于 14 层的公寓房间),原来是它将阳台上的细格安全网当作了攻击目标……还有一次从办公室出逃,在位于同一栋大楼 2 楼的其他公司办公室桌子下被捕。野性难驯的吉子,在第四年的某天,终于奇迹般地坐在了社长大腿上(虽然只有 3 分钟左右),社长欣喜若狂不敢动弹。寒冷的冬天带它去床上睡觉,吉子会缩成一团,挨着人的肚子旁边睡(30 分钟左右),可惜没有一次是持续到天亮的。

健康状况

吉子的专用洗手间设置在办公室安静的角落,供它舒适地上厕所。饮食严格调控,只吃健康的猫粮。身体健康无大病,但因为太爱乱咬东西,有一次吃了纸屋顶的稻草,伤了肠胃,甚至排血便。从那以后坚决不让它靠近稻草绳一类的物品。

下一个更高的
目标是哪里呢……

换来早餐的一个……

哎～今天也必须去工作啊！

能不能撒点配料

早上好！

7:00 紧紧拥抱

11:00 巡视中

12:00

房地产商的营业部长吉子

3

58只猫咪的轻松日常

吉子的
悠长一天
懒洋洋，暖洋洋

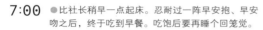

7:00 ● 比社长稍早一点起床。忍耐过一阵早安抱、早安吻之后，终于吃到早餐。吃饱后要再睡个回笼觉。

9:00 ● 社长出门上班，和子起床。任她用力拍拍我的屁股，旁人看来像家庭暴力的这种行为，其实相当舒服哦！

11:00 ● 和子化好妆准备出门，我突然意识到即将发生的事，立刻躲到冰箱上，无奈还是被捕获，被装进软软的单肩猫笼，跟和子一起出发去上班。预感今天也将是本营业部长的忙碌一天！

12:00 ● 中午可能也会有客人造访，午饭只能在公司解决。身为营业部长，业务繁忙，只能大口大口地匆匆解决。

13:00 ● 为了保证高效完成下午的工作，午休时间必不可少。今天要在哪里小睡呢……

14:00 ● 给客人推荐租屋中……凭我的实力拿下此单！

17:00 ● 我运动我健康。办公室里架起的天空桥和吉他展示架是我的最佳运动场所。即便下面的人看着心惊胆战，但毕竟猫咪需要上上下下做运动解压嘛。

19:00 ● 下班！啊，好累……跟和子一起回家，第一件事是拜拜家中佛坛供奉的奶奶和上一任营业部长。

24:00 ● 晚安哦！希望你也有好梦～

欢迎光临～

走道角落开有吉子专用窗口。无可否认，这样的做法或许会让认真查看租房信息的客人分心，但有兴致时不妨用手指跟它玩耍一番。

纸箱屋

手指灵活的吉他手社长做的。平开式的窗户，坡形屋檐的设计，散发着匠人精神的光芒。构造牢固，能避免吉子锋利牙齿的破坏。

这间离车站近哦～

柜台营业中

"什么？说我在打混？不对哦，只要我坐在这里，就会有客人探头看过来哦。"营业部长尽职工作中……偶尔有些客人前来的目的并不是租房，而是专程来看猫。也有人登门便问"这里有吉他琴弦卖吗？"喂喂，我们是一间房屋租赁中介公司呢……

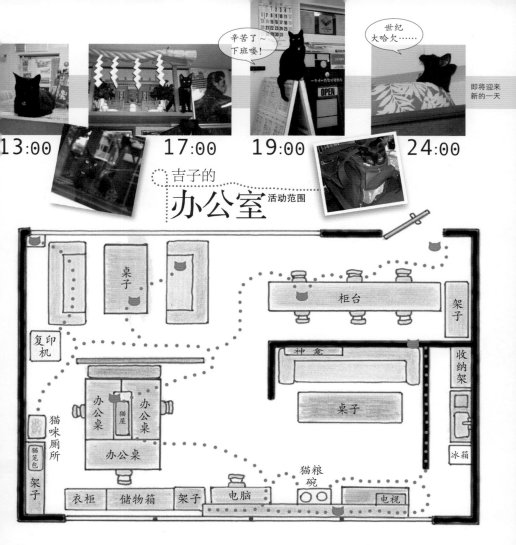

辛苦了~下班喽！

世纪大哈欠……

即将迎来新的一天

13:00　　17:00　　19:00　　24:00

吉子的

办公室 活动范围

柜台
架子
收纳架
冰箱
桌子
神龛
桌子
复印机
猫咪厕所
猫笼包
架子
办公桌
猫屋
办公桌
办公桌
衣柜
储物箱
架子
电脑
猫粮碗
电视

天空桥
"就为吉子做个天空桥吧！"增修这个高高的隔板是社长的主意。因为它从空调上跳下来的着陆点（扫描仪）已经偶尔发出"哔哔哔"的警报声了。

和子的办公桌
"和子有空的时候就会给我做可爱的项圈。来到和子的办公桌总会收获小零食。"（拿了就迅速撤离。）

猫家长——社长的
集大成之作:
"吉子小屋"

吉子最爱的
代代相传牛皮纸箱屋

第二代"吉子小屋"
新一代小屋坐落于吹得到空调的绝佳地带,房顶设计也从铁皮檐升级为瓦片檐。为了防御吉子的利齿攻击,在墙上贴满了透明胶带。为了保证小屋不从架子上滑落,沿用了自带挂板的地基设计。

❶ 准备一个大号的牛皮纸箱,剪开房顶、窗户和玄关

❷ 先贴一块屋顶的基底

❸ 从下往上,一层一层贴出瓦房檐

在室内墙壁上贴满宽幅的胶带,让小屋更坚固耐用!

牛皮纸箱(屋)的前身
活用素材的简约设计。果不其然,吉子锋利的牙齿很快让这间纸箱(屋)满目疮痍。

第一代"吉子小屋"
玄关设计有屋檐,窗户是平开式。后来因为吉子啃咬稻草房檐,伤了肠胃,所以用吃进肚子也不会有大碍的材质进行了修缮。

家中的"吉子小屋"
吉子总在这里跳进跳出、阔步穿屋而过、玩捉迷藏游戏,或是小憩片刻。是吉子玩不腻的小屋。为它修葺了摇摇欲坠的小屋,焕然一新!

前辈猫之大普 & 黑黑的
钟爱之物

改造的度假床

和子亲手改造的夏威夷风情印花床。按照巨猫大普的身型量身定做，后来由大普时代的睡椅，改造为吉子的立方体床。吉子从大普那里继承的，还有大普心爱的鱼形抱枕。

第二代营业部长 黑黑

享年 7 岁　女生　体态轻盈　黑猫

当时第一代营业部长黑子（流浪猫）突然消失，我们把黑黑接回来，接替黑子，上任第二任部长。性格成熟稳重，招呼客人彬彬有礼，有很多客人会为了见黑子一面，无事来登喵宝殿。当初接回家的时候，听说黑子只有 1 岁，可它的一举一动分明有种超乎实际年龄的老成持重。因为这样，它还遭受过质疑，不会是谎报年龄吧……

毛球和尤克里里

黑黑部长喜欢各种玩具，将身边的物品变成有趣的玩具也是它的拿手好戏。不管是用掉落的毛发弄一个大背头的造型，还是偶尔拨弄尤克里里，都从侧面明晰地反映了部长的兴趣爱好。

大普

享年 14 岁　男生　体重最高点 7.4 kg
虎斑猫 × 白猫

一直黏着和子不放，撒娇，略微有些胆小。总是争着要坐在别人大腿上的可爱家伙。酷似考拉的鼻子，迷倒万千。14 岁那年突然离世。

大普喜欢的东西

最喜欢的是和子的脚、拖鞋、揉成一团的锡箔纸，和冬天烧开的热水壶。个性知足常乐，是一只健康阳光的（巨）猫。

卖猫项圈的小店 CAROL

和风印花，五彩缤纷
猫咪项圈

轻柔且有弹性的项圈。如果你也宠爱着天生讨厌项圈的猫咪，或是第一次要带猫咪出门，自家用或是送给好友，都十分推荐这款猫咪项圈。另外，原创的姓名牌、配饰等也广受好评。

黑猫不动产
挑屋小帮手

以黑猫和吉他为标志的目印不动产公司。如果您想在相模原和近郊租房，请交给我们！第三代营业部长吉子，助您寻得理想的住处！

山贺家的

④ 普林斯

photos&report:
Lisa Yamaga

哟！

普林斯（爱称） 男生

全名：凯撒·比尔盖·卡尔·普林斯

5 月出生 8 岁 约 7 kg

挪威森林猫

出生地：东京都西东京市

现居地：东京都府中市

猫咪眼中的
家族成员

管家（爸爸）： 我下任何命令，都会尽快执行的忠心管家。

厨娘（妈妈）： 能轻松做出一桌美味佳肴，虽然没有我的份。

兄弟姐妹（小女儿）： 不会照顾我，但相处融洽的年幼妹妹。

相遇

第一次见到普林斯的时候，它活泼得像只脱缰的小野马。（那时候身材还是纤瘦的……）普林斯右后脚上有一个小黑点，它和兄弟姐妹一起玩耍嬉闹的时候，我们就决定："就要那个有黑色胎记的吧！"

性格·习性

慵懒，友善。最擅长表现自己的热情好客，俘获了不少来客的心，相反，正因为它是懒骨头，会尽量减少不必要的移动。对饮食非常讲究。一整天都在走来走去，检查自己的餐盘。另外，有一点小偏执，很难按别人说的做。

兴趣·特长

兴趣爱好是观看妈妈的料理秀，每天都跳到厨房台上目不转睛地盯着看。另外，普林斯也喜欢"巡逻"，有时会发现它在后院"执行公务"。特长是扮各种声音来让事情如愿。时而轻声细语，时而哀吟呼号，熟练运用各种不同的声音，直到猫家长彻底败下阵来。

喜欢

跟在人身后转来转去。喜欢海苔（虽然不常被喂食）。无法抵御毛毯及橄榄的独特香气。当然，最喜欢的是被人挠痒痒。

讨厌

笛声（巴赫除外）、有黏性的胶带。

嗯？为什么？

ZZZ…

健康状况

普林斯是长毛猫，所以需要格外注意它吐毛球的状况。除了做好梳理毛发以减少毛球、在猫粮中加入化毛膏成分等预防措施外，同时也会密切关注它吐毛球的次数变化。猫家长是否能及时察觉反常情况，对维系猫咪的健康至关重要。我们会频繁留意它进食和排泄的次数、睡姿（是否处于放松的状态）、运动情况等。普林斯没有生过大病，只是当它有微胖倾向时，我们会适当控制它的食量。

普林斯的小小
恶作剧简历（食物篇）

● 放在猫家长膝盖上的盘子里的方包，成为它盖爪印的签到处
● 拉开柜子门，在垃圾箱里翻出干制鲣鱼松的食品袋，舔了又舔 ×3次
● 把还在"吐沙中"的蛤蜊撒得满地都是
● 趁家里没人，把食品收纳架全部打开 ×5次
● 舔舐厨房正在准备中的牛奶（冲泡蛋白粉）×3次

● 在猫家长准备吃的饭团上留下牙印（因为饭团用保鲜膜包着，偷吃计划未遂）
● 调皮弄开水槽胶圈 ▶ 猫爪被卡住 ▶ 走到钢琴附近，用踏板间隙拔出胶圈
● 试图从一袋刚采购回家的食材中，把鱼翻出来叼走
● 触碰锅里的虾等
※ 一年 365 天每天都试图把人类的食物放进嘴里的猫 VS 坚决不给它吃的猫家长，这场比赛永无止境地在我们家上演着……

小呀小苹果~

这是谁啊……

大伙起床了～喵～

那只可疑分子出现！

ZZZ…

4:00

6:00

10:00

即将迎来新的一天

普林斯的
悠长一天

懒洋洋，暖洋洋

呼噜呼噜

4:00 ● 家里的早起冠军！软磨硬泡把猫家长叫起来给自己准备早餐。

6:00 ● 监视自家院子。看看有没有什么可疑人物出现。

10:00 ● 一天中第一次睡眠时间。它的"普林斯位"，夏天是玄关前的一小块空地；冬天是铺得整齐的温暖床铺。

15:00 ● 换个地方再睡一觉。表演擅长的"圆木睡姿"。

18:00 ● 一边斜眼瞄着享用晚餐的猫家长，一边大口大口地吃自己碗里的猫粮。

20:00 ● 一天中最活跃的时间。没人陪它玩的时候，就来捣乱，影响猫家长的工作，或一个人玩躲猫猫。

22:00 ● 躺在客厅桌子上，让家人帮自己挠痒痒的时间。幸福至极呀～

24:00 ● 虽说猫是夜行动物，可普林斯算是保证充足睡眠的夜行动物。睡着的呼吸声分贝高过人类。

15:00

咔嚓咔嚓

18:00

嘻嘻～

喵呜～

又困了……

24:00

22:00

20:00

普林斯的玩具们
独自玩耍时的道具

逗猫棒逗猫法则

逗猫棒的前端能快速移动，吸引猫咪的注意。猫家长可以直接拿在手里，与爱猫玩耍互动，或者把逗猫棒吊在高处。

1 在逗猫棒一头绑上几片羽毛

园艺胶带

用蓝色、绿色、黄色等猫咪可以识别的颜色

2 将长度均等的拉花带子系好后，用尺子拉花

3 在前端羽毛的上方，绑上绊条略粗的蝴蝶结，掩盖住逗猫棒的金属部分，牢牢固定住。用彩带、纸等绑好手柄部分

百奇饼干盒

把它的零食饼干放进百奇的空盒中。只见普林斯伸手就往盒子里探。慢慢地掌握了窍门，拿到后瞬间塞进嘴里。

猫咪电游

高科技的现代玩法。它似乎对画面中的映象从何而来很好奇，不停从侧面翻动着平板电脑。

猫咪隧道

偶尔把这个隧道装置从收纳区拿出来，普林斯总是兴高采烈地钻来钻去。最近不知道是不是因为年龄大了，它常常顺势躺在里面睡着了。

带我去旅行吧喵!

饮食地点

猫粮的位置在厨房旁边，应该是普林斯一天中停留时间最长的场所。

普林斯的
家中 活动范围

磨爪

生气或害羞的时候会躲到一旁抓一抓，但从没见过它认真地磨爪。

1F

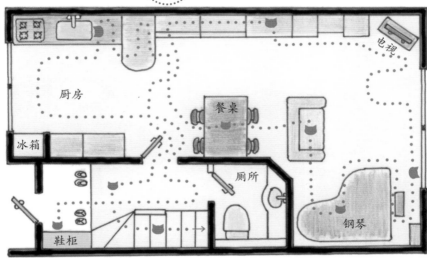

电视

厨房

餐桌

冰箱

厕所

钢琴

鞋柜

哎呀，不能掉头了喵

猫屋

从小就住在这间猫屋，现在的个头看上去已经不太能塞进小屋子里了，但偶尔还是会看到它努力把自己装进猫屋的可爱模样。

午睡的场所

一般在任何地方都能轻松秒睡，似乎尤其偏爱电暖器周围。明明是只长毛猫，却如此怕冷……当心哪天烧到猫毛!

窗帘杆

窗帘的拉杆是猫咪的必挑战项目，我们家的普林斯也不例外。体型属于微胖的它，总喜欢在窗帘杆上走来走去。

喜欢的场所

最喜欢的场所莫过于餐桌上了。一有机会就往餐桌上跳，待着不肯下来。家人一天3次的用餐时间，它无奈总被强行驱赶。

床底

有时会跑到猫家长卧室，躲在床底不肯出来。拖拽它的脚都不肯出来的家伙，却总是败在眼前猫食的诱惑之下。

猫咪厕所的位置

印有大名的专属猫屋，普林斯喜欢刨猫砂，每次得意忘形，总会刨出大量猫砂散落在猫咪厕所周围。

追光游戏

大懒猫普林斯唯一长期（相对较长）坚持的一项游戏。用手电筒或激光笔刺激它一下，立马上钩，飞奔而来。

2F

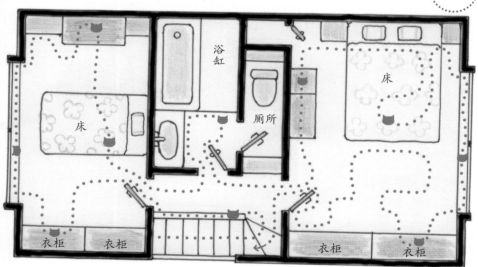

最爱的楼梯

喜欢睡在楼梯上。每次都要霸占一整梯级，家人经过只好大跨一步越过它。

楼梯躲猫猫

不管长大到几岁，一如既往地喜欢玩捉迷藏。在家中肆无忌惮地跑来跑去，或"埋伏"在楼梯处酝酿恶作剧。前几分钟还一边大声地"喵喵"叫，一边活蹦乱跳地跑来跑去，下一秒再去看就已经睡着了……

窗边

中午最爱在窗边晒太阳。偶尔钻进窗户的空隙。

楼梯边缘

普林斯大喜欢坐在高处俯视家人状况，楼梯边缘是它挑选的绝佳位置。

小泉家的
小次郎

想去外面玩喵～

photos&report:
Takako Koizumi

小次郎　男生

1月出生　15岁　5kg　虎斑猫
出生地：神奈川县大和市
现居地：神奈川县大和市

猫咪眼中的
家族成员

爸爸：有兴致的时候会跟我玩耍，有时也给我准备食物。最近常常一起在沙发上睡午觉，还会一起看电视。

妈妈：几乎不管我，偶尔会顺顺我的毛。

丸田：家里最关心我的人，基本值得信任。我生病或受伤的时候，会立马带我去医院（虽然我真的很讨厌医院那个地方）。

相遇

小次郎原本是丸田朋友家的猫，一出生就被取名为小次郎。当时那位朋友家养了两只猫（另外一只叫比又吉）。小次郎刚满一岁时，被送来丸田家。那天，原来的猫家长离开后，小次郎一直待在箱子里不肯出来，一动不动。晚上实在太冷了，没办法只好去丸田被窝里睡。过了一段时间后，在家里情绪安定下来的小次郎，没过几天竟然上演离家出走的闹剧！着急的丸田和妈妈在附近搜寻了两三个小时，差点要放弃的时候，小次郎竟一溜烟又自己回来了。从那之后就养成了离家出走的坏习惯……

兴趣·特长

爱好是往高处蹿。也常常捉来小鸟或老鼠。最近的兴趣是故意捣乱影响丸田。战术是躺在电脑屏幕前，或丸田正在读的报纸上。

健康状况

2013年左右，小次郎出现尿频的症状，带它去医院检查后发现原来是肾脏不太好。从那以后坚持让它吃养肾的猫粮，有干粮和湿粮两种，小次郎似乎比较偏好干粮。同时也会配合让它吃一些适合大龄猫咪的湿粮。

另外，丸田会在家给它输液，每个月两次。扎针的位置在背部，为了

不准看电脑！
陪我玩！喵！

不让小次郎乱动，爸爸会帮忙把它轻轻按住。输液的方法是宠物医师传授的，在家里治疗也节省成本。虽然有点担心它肾脏的问题，但总体说来小次郎还算健康，时常跳上高高的桌子，每天还会在家举行"一只猫的运动会"，竞技项目是速跑。

输液中～乖乖地
不动喵～

"家庭医生"丸田和"护士"爸爸的施针场面

回忆篇

小次郎很爱去外面玩，与夜猫们的搏斗也自然不计其数。本来个头就不大，也渐渐年长，实力本不算强，在气势上却丝毫不肯示弱。不知不觉间身上打斗抓痕就多了起来，额头受伤太严重甚至需要缝针……最严重的一次是被附近的夜猫咬伤了尾巴，医师甚至发出了"可能需要截断猫尾……"的病危通知！万幸的是，最后查明没有伤及神经，小次郎也因此保住了它

引以为傲的 30 cm 长的尾巴，最终完全康复。从那以后，我们就不让它出门了。这可把小次郎憋得够呛，对着窗帘磨爪发泄，最后窗帘被抓得破破烂烂。甚至连收纳篮也没有逃过它的猫爪……最近丸田在考虑，准备给它买一座带磨爪垫的猫塔。

喜欢 最喜欢的还是在户外玩耍。爬上高高的树，攀住自己家或邻居家的房檐，俯瞰四周。

讨厌 不认识的人，尤其是声音大的男人和声音尖的小孩。洗澡→被打泡泡的时候，有种"快被杀掉了！！"的惊恐感。

还要睡到几点啊喵~

还想再吃一点儿喵~

吃午餐喽!

早上好!

6:30　　7:30　　9:00

回笼觉时间喵~

13:00

看电视~哎，有猫咪上镜?

小次郎的
悠长一天
懒洋洋，暖洋洋

6:30　●起床。冬天会晚一点。因为总睡在丸田的脚边，所以"快起床啦!!"的攻击对象就是丸田。

7:30　●吃早餐。通常是湿猫粮。胃口好的时候，会坐在猫粮碗前面，做出"还想再吃一点"的姿势。于是会得到一些干猫粮。吃完饭就在家里走来走去，去浴室喝完水，就在地板上躺躺，或跳上桌子梳理毛发。

9:00　●上午的回笼觉时间。在爸爸的床上一觉熟睡到午后。

13:00　●起来吃午餐。菜单内容与早晨一样。吃完后再理毛，有时会跑去窗边看看外面的情况。

14:00　●午睡时间。在爸爸的床上，或沙发上一直睡到傍晚。

18:00　●丸田回家，一进门就会呼唤"小次郎~"。听到声音它就会跑去玄关迎接丸田。然后早早地解决晚餐。菜色与中午相同。

20:00　●家人吃晚餐的时候，小次郎总趴在沙发上悠闲懒散地度过。丸田看电脑的时候，它则会毫无顾忌地挡在屏幕前。肚子有点饿了，就要求加餐，消夜是湿猫粮。然后就是例行举办"一只猫的运动会"，在家中横竖狂奔。

24:00　●丸田要睡觉的时候，就会陪着他一起进入梦乡。

饮水的地方
听闻猫粮碗和水盆分开放置比较好，所以把它的水盆放在浴室的洗衣机前面。

喜欢的位置（窗边）
爱趴在窗边往外望。阳光很好，心情惬意。有时候窗外经过的人会注意到它："啊~猫咪~"

津津有味。真香啊喵~

猫草
以前它在外玩耍的时候会吃野草，现在不能外出了，于是在家里给它准备了猫草。

蜷啊~

缩啊~

餐桌的椅子
虽然旧旧的，但却是从以前起就一直坐的位置，有种安心感喵~

14:00

18:00

欢迎回来~今天
下班有点晚喵~

20:00

消夜呢!
消夜呢!

24:00

即将迎来
新的一天

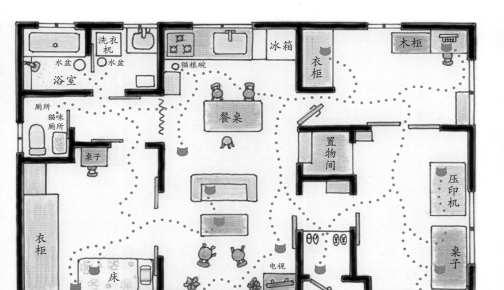

浴室
水盆
洗衣机
水盆
猫粮碗
冰箱
木柜
衣柜
厕所
猫咪厕所
桌子
餐桌
置物间
压印机
衣柜
床
电视
桌子

小次郎的
家中 活动范围

嗯~是我喜欢的
"户外牌清新空气"
喵~

压印机
丸田做版画的压印机。跳上支撑台,完美小憩场所!

牛皮纸箱
一发现纸箱,第一件事,当然是跳进去看看!

眺望窗外
偶尔发现野猫,"走开,不要跑进我家院子!"

 31

悠闲惬意怡然自得·小次郎的
幸福时刻

喜爱手作的猫家长，为了逗小次郎开心，独创各种玩具

用卷筒纸芯做的简易装饰

试着在卷筒纸芯中放入木头珠子或铃铛等，摇晃时可以发出声响的东西，吸引猫咪的注意力。在小次郎面前摇晃，只见它一边用眼神追赶，一边挥舞猫咪拳！！既能让猫咪拥有捕获猎物的成就感，又可以装饰房间。

❶ 在卷纸筒的以上两个部位钻孔

背面也一样折

❷ 如上图，将上下开口折进中间

麻绳

可以涂上喜欢的颜色

上下打结　串上木头珠子等

❸ 将麻绳穿过钻好的孔，串上木头珠子等做装饰。用油性笔或五彩的胶带在上面画笑脸或其他花色

弹力十足

这是什么啊？

用卷筒纸芯制作的彩虹魔法环

制作方式非常简单，只需将卷筒纸芯剪成螺旋形。如彩虹魔法环般可自由伸缩。

比又吉的回忆

享年14岁　男生　神奈川县大和市

小次郎在丸田朋友家长到6个月大的时候，朋友收养了比又吉。对于小次郎来说，比又吉是与自己一起度过了6个月童年（幼猫时期）的弟弟，也是不擅长与人（猫）打交道的自己的唯一伙伴。比又吉刚被接回来的时候刚出生半个月，瘦弱娇小，没想到后来竟长成了9kg的大猫！大约2014年的9月末，比又吉离开，成了夜空中的一颗星星。

小次郎喜欢的
历代宝贝玩具图鉴

待在篮子里最让我兴奋不已喵~

鱼形逗猫玩具

这是丸田因为工作关系，为一本书制作的麻绳作品。采用 macrame 编织技巧，木头珠子做点缀。同款的蝴蝶，小次郎也非常钟爱。

这款鱼形逗猫玩具的编制方法刊登在《麻绳和天然素材编织的手工艺品BOOK》（Graphic 出版社出版）一书中

篮子里的小次郎

藏在里面安心！用来磨爪放心！在里面滚来滚去开心！沉沉睡在里面舒心！这个篮子的软硬程度刚刚好！

猫家长的牛仔裤

肚子饿的时候，无聊想找人一起玩的时候，就会对着丸田的牛仔裤一阵抓挠。

看到毛线忍不住玩一下喵~

作为"人质"的拖鞋

偷袭丸田的脚，捉住拖鞋当"人质"。"还不对我言听计从？！"

躲猫猫只把头藏起来，尾巴留在外面？

版画作家
小泉贵子

多摩美术大学版画专业毕业。以版画为中心进行各种创作，出于对手工和工艺的爱好，同时进行陶艺、黏土、羊毛毡、麻绳 macrame 编织、纸艺等素材的杂货饰品的制作，并多次与 C.R.K. Design（日本手工艺设计创作室）合作，发表联名作品。

信息

猫咪语录

【秋日夜长】
秋日白昼短，而暗夜长。
对于属于夜行动物的猫咪来说，秋季实在怡然自得。

《猫咪语录》是一本通过猫的视角解读各种谚语的版画绘本。这本书中的猫咪原形，就是小次郎。每年9月在东京银座举办的绘本展上，连续好几年，以系列丛书形式得以展出。

喵唔～
唔咿唔啊～

小山家的

吱太

photos&report:
Midori Koyama

吱太　男生

4月出生　3岁　约6kg
棕色虎斑猫（红虎斑）
出生地：千叶县佐仓市
现居地：千叶县山武市

猫咪眼中的
家族成员

爸比：典型的A型血男子。一发现我有眼眵和鼻屎，会立马帮我擦掉。

妈咪：典型的B型血女子。发现我脸上的鼻屎，会惊喜地感叹："鼻屎屎好可爱～❤"，然后给我一个大大的拥抱。但永远不会帮我擦掉。

相遇

棕色虎斑猫吱太是我们家养的第三只猫。它刚出生一个半月的时候，不小心误闯闯民宅的捕鼠器，困在里面嘤嘤哭叫，最后被那户人家救了出来，送进了宠物医院。而那碰巧是我们去的宠物医院，上一只猫咪也是从那里领养的。我们在那里见到了吱太，把它带回家。得知了它误闯捕鼠器的故事后，决定给它取名叫"吱太"（老鼠吱吱叫）。

性格·习性

天真烂漫，爱撒娇，典型的"老幺"性格。睡觉的时候一定要挨着谁，猫家长不在的时候，就非要黏着年长的猫咪哥哥睡。虽说是弟弟，但个头却是哥哥的1.5倍。虽然哥哥被吱太压着看上去睡得很辛苦，但吱太却不管，跟小时候一样，被哥哥舔舔脸，然后幸福地进入梦乡。

兴趣·特长

兴趣爱好是吃，天生的大贪吃鬼！特长一，快速吃东西。如果举行猫咪的大胃王快速吃东西比赛，吱太无疑会夺冠。特长二，击掌。无论何时何地，它总会奋力地用后脚支撑起身体，主动上前举手击掌。每次看它这副笨拙可爱的模样，就瞬间觉得什么都可以原谅了。

还没有到
饭点吗喵~

小插曲

吱太来的时候，当时一岁半的猫哥哥虎太郎，性格还有点神经质。总是不会乖乖在自己的厕所尿尿，而是尿在沙发或靠垫上，让我们很是头疼。这时，我们带回了幼猫小吱太。一开始还很担心敏感的虎太郎会有什么反应，但小吱太一进门便往虎太郎的肚子上蹭（寻找奶水？）。而作为哥哥的虎太郎对这小家伙表现出了怜爱，从脸到全身，把小吱太舔了又舔。令人惊讶的是，从这天开始，虎太郎就改掉了乱尿尿的坏习惯。我们猜测它之前的神经质和坏习惯，或许是因为家里没有兄弟姐妹陪伴的孤单，让它感受到了

压力？又或者是被小吱太唤醒了"母性"？

健康状况

尤其注意控制贪吃鬼吱太的饮食。即便如此，因为这家伙太会撒娇，有时候总会不自觉地就喂它很多零食。因为它还年轻，可以承受的运动量较大。所以每次喂它吃完东西，都会尽量让它多运动，到目前为止还没有生过病。但因为家里第一代猫咪是患猫艾滋过世的，所以格外留意，不让它溜去外面。

喜欢

爱吃爱睡爱撒娇。被哥哥虎太郎舔舔。

讨厌

挨饿、被猫家长强行叫醒。

一起生活的猫咪

温柔的哥哥
虎太郎　男生
6 月出生　5 岁
约 4 kg

我最喜欢
我们家吱太
啦喵~

啊~
睡了个好觉~

一定不顶饱
喵~

5:00　　9:00　　13:00

喵咪~
睡了睡了~

即将迎来新的一天

吱太的
悠长一天

懒洋洋
暖洋洋

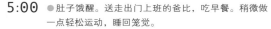

ZZZ…

15:00

好吃好吃~
美味美味~

5:00　●肚子饿醒。送走出门上班的爸比，吃早餐。稍微做一点轻松运动，睡回笼觉。

9:00　●肚子饿醒。对吃早餐的妈咪发起攻击。

13:00　●肚子饿醒。跟妈咪一起吃午餐。寻找家中最舒服的地方，一旦决定，立马就地午睡。

15:00　●睡啊睡……睡啊睡……ZZZ…

19:00　●肚子饿醒。妈咪已经回家了，展开"肚子饿了！开饭开饭！"的强烈攻势，终于如愿以偿。

21:00　●晚上的休息时间。为了保持美容（？）和健康，轻量运动。

23:00　●爸比回家，得到零食。吱太大胃王终于得到满足，开始放肆撒起野来~

1:00　●啊~玩累了~爸比妈咪也都入睡了，我也要休息啦喵~

19:00

快陪我玩吧
喵~

ZZZ…

来扔球吧！
玩玩具吧！

1:00　　23:00　　21:00

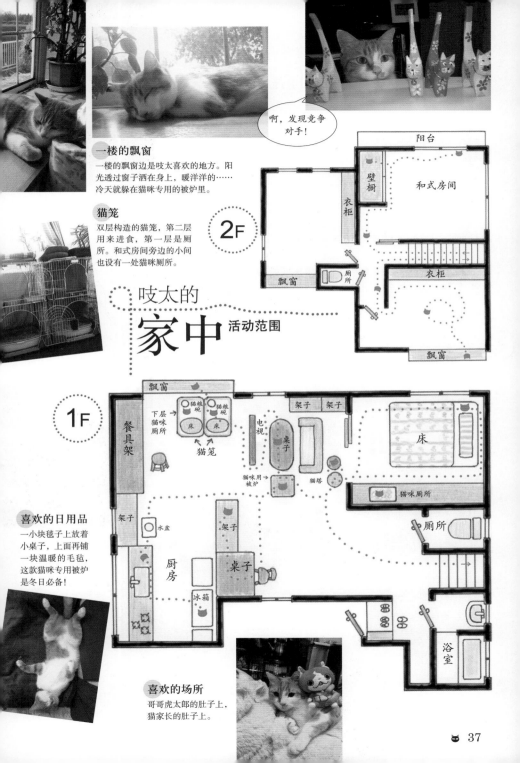

啊，发现竞争对手！

一楼的飘窗

一楼的飘窗边是吱太喜欢的地方。阳光透过窗子洒在身上，暖洋洋的……冷天就躲在猫咪专用的被炉里。

猫笼

双层构造的猫笼，第二层用来进食，第一层是厕所。和式房间旁边的小间也设有一处猫咪厕所。

2F

阳台

壁橱

和式房间

衣柜

飘窗

厕所

衣柜

楼梯

飘窗

吱太的
家中 活动范围

1F

飘窗

餐具架

下层猫咪厕所

猫粮碗 猫粮碗

床 床

猫笼

电视

架子 架子

桌子

床

猫咪用被炉

猫塔

猫咪厕所

架子

水盆

架子

厨房

桌子

冰箱

厕所

浴室

喜欢的日用品

一小块毯子上放着小桌子，上面再铺一块温暖的毛毡，这款猫咪专用被炉是冬日必备！

喜欢的场所

哥哥虎太郎的肚子上，猫家长的肚子上。

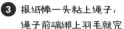

用身边的材料
制作各种新颖
的猫咪玩具

吱太的众多手作玩具
供独自玩耍

报纸做的逗猫玩具

用报纸和绳子就可以简单制作的逗猫玩具。在绳子的前端绑上蝴蝶结、羽毛或木天蓼。

1 把报纸卷起来

2 用胶带固定

3 报纸棒一头粘上绳子，绳子前端绑上羽毛就完成了！

木天蓼！别跑！

零食盒

在纸盒中装入零食，用胶布将开口封成看似简单，其实难开的样子，让猫咪摆弄。它们把手插进纸盒，或试图咬开，最终破坏坏纸盒，拿出零食。这个游戏有助于舒缓压力。

开口贴上胶布，加固门窗

放入香脆可口的小零食哦~

手作猫屋

在纸箱上剪出门和窗户，并用胶布裹住剪开的边缘。有时候它会跳进去小憩。

看上去容易，却很难打开的开口~

吱太钟爱的
曾经的玩具

洞洞坐垫
坐垫的洞洞中有球和小老鼠的玩具。偶尔拿出来哦，吱太玩得兴致盎然。

> 哗~坐在箱子里休息一下好了喵~

> 哎哟~原来是装电池的玩具~没劲~

> 看起来容易，其实好难把东西拿出来哦~但是停不下来喵~

喵喵纸箱
纸箱里面放着猫抓板。纸箱有种说不出的安心感，吱太有时会跳进去放松一下。

回转式电动玩具
装电池的回转式猫咪玩具。机械运转的原理暴露后，吱太很快失去了兴趣。

> 哇~银光闪闪的，触感和形状也是绝妙喵~

> 喵哇~猎物莫跑~看本喵降你！！

> 哇~最最最最爱的~戒不掉喵~

锡箔纸小球
用锡箔纸揉成的球，制作简单成本低廉，却异常受到吱太的喜爱。有时当足球，有时当曲棍球，经常拿出来玩。

意味不明爱拖鞋
无理由地爱着猫家长的卡骆驰牌拖鞋。啃来舔去，这已经是第四只了……（汗）

逗猫棒
最喜欢的还要数逗猫棒，每次都被玩得破破烂烂，不停重买。

沙也加家的

博蒂

photos&report:
Sayaka.S

我有乖乖看家哦，喵呜~

博蒂　男生

3月出生　3岁　约3.5kg
俄罗斯蓝猫
出生地：东京都调布市
现居地：埼玉县鸿巢市

猫咪眼中的

家族成员

信（男猫家长）：无所顾忌的最佳玩伴。留着标志性胡子的空手道家。原本喜欢的是大型犬，但很快转型成为猫派。

沙也加（女猫家长）：一回家就会抱抱我。总爱闻闻我的耳朵和肉球，喜欢被我从高处伸爪拍拍头，我偶尔会满足她的愿望。

相遇

我们曾讨论过如果养猫就一定要养俄罗斯蓝猫，于是趁搬家之际，从某饲养员那里把博蒂接了回来。它在兄弟姐妹中警惕心较强，一开始还担心它不太会亲近人。但接回家的第一天晚上，它就在家人的大腿上发出"咕噜咕噜"的声音，吃完饭安心地休息，很快就适应了新家的环境。高尔夫是我们夫妻俩唯一的共同兴趣爱好，因此丈夫就给它取名为高尔夫球中的"博蒂"（译者注：博蒂是一洞击出的杆数低于标准杆一杆的高尔夫专用术语，又称小鸟杆）。

兴趣·特长

兴趣爱好是观察鸟类和睡觉。最喜欢透过飘窗观察小鸟，同时嘴里"咕噜咕噜"地嘀咕着。喜欢打断正集中精神玩手机或看电脑的猫家长。

性格·习性

爱撒娇，怕寂寞。坐在沙发上的时候，一定要趴在猫家长大腿上或紧紧挨着猫家长坐。想要找你陪它玩耍时，会撑着前脚坐起来，轻拍膝盖。对陌生人态度相当谨慎，所以很难在初次见面的客人面前展现出讨人怜爱的一面。

喜欢

坐在猫家长大腿上。被刷刷毛，拍拍头。冬天暖炉前面的位置。老鼠形状的玩具。

健康状况

博蒂的体质导致它容易得结石，我们很注意尽量让它多喝水。给喜欢喝流水的它准备了流动喂水器（带净水功能）。喂水器不能蓄水，所以我们不在家的时候，为防止停电导致它没有足够的水喝，还另外准备有一般的饮用水，装在据说能让水变好喝的宠物水盆里。另外，还在湿猫粮中加水稀释，保证水分摄取。它拉肚子的时候，会喂它吃宠物用的发酵食品以缓解症状，调节身体。

小插曲

第一天带博蒂回家的时候，它先是坐在沙发下面迟迟不肯出来。到了晚上，终于坐在我们的大腿上，喉咙发出"咕噜咕噜"的声音。那是

我第一次近距离听到猫咪的"咕噜"声，瞬间被幸福感笼罩。带它去宠物医院检查的时候，太过安静的博蒂让护士都不禁感叹道："这么安静的猫咪，还是第一次见到！"但我们推测它只是吓得动弹不得了。曾被门铃对讲机吓到摔下楼梯。给它买了猫咪用的小被炉，也不知是不是因为不喜欢棉被的花纹，好几次都尿在上面。后来就干脆抽掉，直接用没有棉被的暖炉了。有一天玩手机游戏的时候，博蒂突然打出一记猫咪拳，导致我无端失去了游戏装备，非常生气。它做出了原本讨厌的猫跳之后，见仍然没有获得原谅，便气急败坏地爬上猫塔，大声地"喵！喵！"发泄不满情绪。

最近的喜好

近来博蒂对水龙头流出的水充满兴趣，把水龙头稍微拧开一点，它就愉快地喝起水来。想要人帮忙开水龙头时，就爬上洗手台，坐在水管旁边，透过镜子，直直地望着你。洗手台里的盆子也是它最近爱待的地方，早上忙乱收拾的时候，它总占着水盆。被抱出来，又跳进去，循环往复，乐此不疲。

讨厌

玄关对讲机的声音。摩擦塑胶袋的声音。洗澡。

早上特别需要
被疼爱

完全无法移开
视线喵～

最喜欢被
炉了喵～

4:00~6:**00**　　　　　　**7:**00　　　　　　**12:**00

即将迎来新的一天

博蒂的
悠长一天

懒洋洋，
暖洋洋

这个位置晒太阳
最舒服了喵～

4:00~6:00　●天还没亮就在猫家长的身上踩踩被子，累了又
　　　　　　躲进被窝再睡一会儿。

　　7:00　●吃完早餐，猫家长忙着收拾出门，博蒂就蹲在
　　　　　　飘窗边入神观察窗外的鸟。

　12:00　●在喜欢的位置午睡。

　19:00　●女猫家长一回家，就连续发出"快摸摸我的
　　　　　　头""快给我准备晚餐"的命令。

　20:00　●晚餐是湿猫粮。不喜欢的食物一口也不会吃……

22:00~24:00　●男猫家长回家后一起运动，陪他喝喝酒，有空
　　　　　　隙就会蹿到他大腿上趴一会儿。

　00:00　●在自己的房间睡，或一溜烟钻进猫家长的被窝
　　　　　　里睡。

15:00

快陪我玩！要是
敢不理我，就跟
你没完哦！

太困了喵～有时
甚至会四脚朝天
仰躺着睡。

喜欢有黏稠感
的食物喵～

19:00

我不管怎样就是
要黏着你喵～

00:00　　　　　　**22:**00~24:**00　　　　　　**20:**00

饮食
呼应它的名字博蒂（小鸟杆），碗是小鸟纹样的。

博蒂的
家中 活动范围

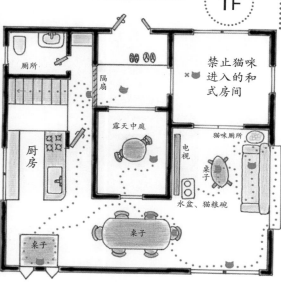

厕所

隔扇

露天中庭

厨房

禁止猫咪进入的和式房间

猫咪厕所

电视

桌子

水盆、猫粮碗

桌子

桌子

午睡的场所
倒在客厅的新沙发上"咕噜咕噜"。毫不心疼地在沙发上留下抓痕。

喜欢的位置
特等席是猫家长的大腿。猫家长坐下的时候，习惯性地把手机或遥控器放在触手可及的地方。

猫咪厕所
在一楼的客厅和二楼博蒂的房间中，分别设有一个猫咪厕所。颜色是与屋子装潢协调的深棕色。

毛茸茸的浴室绒毯
博蒂冬天会长时间待在取暖器前面。给它铺上浴室绒毯，让它十分满足。

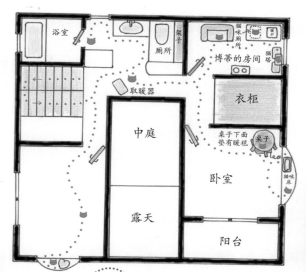

浴室

厕所

架子

取暖器

中庭

露天

博蒂的房间

猫塔

衣柜

桌子下面垫有暖毯

桌子

卧室

猫咪厕所

猫咪床

阳台

暖暖的，动弹不得喵～

啊！传来了鸟叫声！

中庭
喜欢听得见鸟叫的中庭。

🐱 43

博蒂的手作宝贝玩具
独自在家玩耍的道具

猫家长喜欢做手工，自创各种新玩具

挂上表现季节的形状，别有一番风味

立体三角形棉纱包

参照博蒂原来家里的玩具，创新原创的立体三角形棉纱包。家里没有缝纫机，猫家长一针一线手缝做成。

1 把一块 10 cm × 5 cm 的长方形布对折，两边缝好

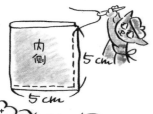

内侧

5 cm

5 cm

2 内外翻过来，塞入棉花，并放进包有木天蓼粉的纸巾

棉花

外侧

包裹在纸巾中

木天蓼粉

3 以缝边作为三角体斜面的中线，缝合开口，并在闭口处缝进一根羽毛

完成！！

摇动羽毛，或将三角沙包扔过去，嗅到有木天蓼气味的猫咪会兴奋地玩起来

窗边挂饰

活用门后挂钩的窗户挂帘。看腻了就挂上家里现成的各种材料进行即兴创作。

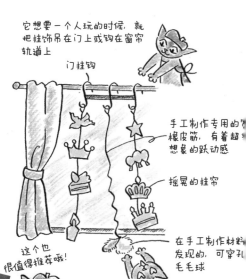

它想要一个人玩的时候，就把挂饰吊在门上或钩在窗帘轨道上

门挂钩

手工制作专用的橡皮筋，有着超想象的跃动感

摇晃的挂帘

在手工制作材料发现的，可穿孔毛毛球

这个也很值得推荐哦！

没有毛毛球，可用市面上随处可见的老鼠玩具代替，好评如潮！

博蒂喜欢的
多款历代玩具

逗猫棒
在长长的棒子前端绑上胶绳、羽毛或螺旋桨玩具。站在床上，举起来逗地板上的博蒂跑来跑去。运动量较大的游戏。

纸箱 & 纸袋
寄来的快递箱或外出带回家的购物纸袋，来者不拒。先钻进去看看就知道喜不喜欢了。意外地喜欢纸袋的提手部分。最近迷上了塑料材质的提带。

一边扫地一边……
把博蒂喜欢的纸绳绑在清洁工具上，这样就可以一边做地板清洁一边逗它玩耍了。一箭双雕！

老鼠形状的玩具
对老鼠形状物的喜爱之情从未消减过。扔给博蒂一只孤零零的老鼠玩具，它会毫不留情地撕咬破坏，所以只好给"老鼠"绑上绳子"延命"。

高尔夫球设备
博蒂喜欢玩高尔夫模拟设备中的高尔夫球，有时将矿泉水瓶盖故意掉落，也会引起它敏感的注意。身边的一切皆为博蒂的玩具。

旧玩具
把它接回来的时候，从之前的家里拿来的玩具。小时候甚是喜欢，常常玩。长大的博蒂似乎对这些旧玩具不感兴趣了。但它们都鲜艳可爱，猫家长倒十分喜欢。

改造市面上的猫咪玩具
把毛毛球绑在坏掉的环状逗猫棒前端，晃动画圈，就能看到它追着毛毛球团团转的样子。

> 博蒂的
> 时机降临

晴子家的

Rey

8

柿子干
做好了喵~

photos&report:Haru

Rey　男生

6 月出生　6 岁　约 4 kg　黑白猫
出生地：埼玉市
现居地：埼玉市

我的
家人喵~

猫咪眼中的
家族成员

爸爸： 有时加班晚回家，我会陪他喝点小酒。这时他总会喂我生鱼片喵！心灵手巧的爸爸还会给我做猫门呢！

妈妈： 总是在家的温柔体贴的妈妈。

姐姐： 姐姐已经嫁出去了，但偶尔回家的时候还是会跟我一起玩哦喵~

哥哥： 救命恩人，在院子里迷路的时候教我回家。

相遇

某个秋天的傍晚，一只怯怯的猫突然出现在我家院子里。我们一试图靠近，它就跑掉。僵持了几天之后，天气越来越冷，担心它一定熬不过冬天，哥哥开始慢慢给它喂食，步步靠近，终于捉住了它。小家伙四肢都是刮伤，我们直接把它送去了医院。当时 Rey 已经 6 个月大了。医师说出生 6 个月的猫咪，可能不习惯突然被养作家猫，与人接触。3 个月后，它才慢慢对家人打开了心理防线。

最近已经会跑到玄关迎接晚归的爸爸，站立露出肚子，"爸爸你回来了~喵呜~"晚上还会陪着爸爸小酌一杯呢！

性格·习性

明明不喜欢抱抱，却会主动黏人。碰碰尾巴，又转头就走，相当情绪化。猫家长吃饭的时候，它会坐在一旁，用眼神示意它想要吃猫粮脆脆了，并且用拍拍你的肩，或撞撞你的手肘等动作进一步暗示它的需求。如果视若无睹的话，Rey 会气急败坏地冲着你的零食一阵猫咪拳。

兴趣·特长

一到深夜，体力全开！猛地冲上楼，完成楼上房间的巡回接力赛跑，再冲下楼，完成楼下赛跑全程。循环往复，乐此不疲。而且速度永不减……

哇哦~

健康状况

夜里陪爸爸小酌时，见它想吃生鱼片，就喂了它。没想到它每次都全部吐出来。一开始我们还夸奖它是一只健康意识的乖猫，后来有一次，Rey吃了生鱼片突然吐出舌头晃动，并发出奇怪的声音。我们这才意识到，原来它对生鱼片过敏。从那以后，最爱金枪鱼的Rey就告别了生鱼片。它似乎也不爱吃罐头，唯一愿意吃的就是猫粮脆脆了。

讨厌

抱抱、洗澡、剪指甲……统统不喜欢！

狩猎，爬上窗沿，趴在纱窗上一动不动地观察壁虎，有时候会启动备战模式，壁虎动一下，它也跟着动一下，大幅度摇摆尾巴，气氛紧张，一触即发。

喜欢

喵喵~

欢迎回来喵~

每天巡查
超忙的喵~

Rey 的
家中 活动范围

楼梯
每天全速跑上
跑下的楼梯。

美味佳肴
上楼后一直走到尽头，窗边
的位置是它进食的地方。一
边眺望窗外的景色，一边津
津有味地享用佳肴……

引以为豪的猫门
爸爸的手作猫门。
每天进进出出，
啪嗒啪嗒。

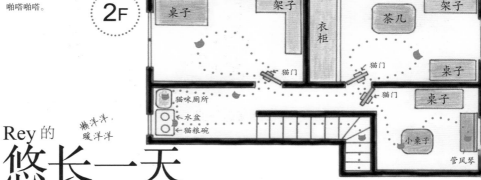

2F

桌子　架子　衣柜　茶几　架子
猫门　猫门　猫门　桌子　桌子
猫咪厕所　水盆　猫粮碗　小桌子　管风琴

Rey 的
懒洋洋，
暖洋洋

悠长一天

6:00	● 每天早上 6 点起床，把猫家长叫醒后，获得早餐。
10:00	● 寻找阳光充足的窗户晒太阳。
13:00	● 吃午餐，在猫咪起居间梳理毛发。
17:00~21:00	● 傍晚到夜里，奔波于巡逻和磨爪。
24:00	● 跟爸爸小酌一杯的时间也渐进尾声，差不多要睡了。

梳理毛发
时间到喵!

早上好!

6:00

10:00

13:00

玄关的小琉球狮（猫）
玄关正面的架子上，摆放着各种猫形装饰品。中间这只……总是用超脱的表情迎接家人回来。

猫咪起居间
Rey 的起居间，是体操队员爸爸自豪的"传奇垫子"。

1F

衣柜

浴室

洗衣机

厕所

和式房间

鞋柜

藤编椅子

碗柜

冰箱

厨房

招财猫

小琉球狮

← 电视

水盆

体操用的垫子

桌子

长椅

← 喜欢的干粮

喵呜~
喵呜~

一到秋天，院子里的那棵柿子树，就结满果实。用这些累累柿子，制作了我的独家玩具

啊啊，这个世界超忙碌

爸爸，你回来了！

17:00~21:00

消夜也吃了，先睡了！

即将迎来新的一天

24:00

🐾 49

毛茸茸的超舒服喵~

OMUZI 家的

小夏夏

⑨

对世界充满好奇的幼年时期

photos&report:OMUZI

小夏夏·阿舍拉　女生

6 月出生　16 岁　4.7 kg
金吉拉 1/4 混血宝宝
出生地：神奈川县藤泽市
现居地：东京都武藏野市

猫咪眼中的
家族成员

室友：男仆。一起扮家家酒的玩伴，轮流扮演妈妈的角色。

相遇

那时我正准备养一只长毛混血猫，从一位朋友那得知，他认识的人家里恰巧有一只这样的猫崽出生，我便立刻登门拜访。有点期待有点紧张，到了却不见猫咪的身影。后来全家出动翻遍客厅，最后在沙发自带的抽屉里发现了躲在里面的小夏夏。它的水灵第一眼便俘虏了我的心。活泼淘气的它踩过外卖比萨的样子，让我大笑不止的同时，心里却在暗暗担心，自己能否驯服这只小恶魔。

性格·习性

小公主的个性。善于社交，家里突然有客人来访，也气定神闲。常常把玩具放在猫粮碗里。难改"狩猎"的野性，吃饭前习惯先去阳台外面待一小会儿，再进屋开吃。应该是在外面抓抓空气。

兴趣·特长

兴趣是待在阳台上，出神观察某样东西。特长是"捕猎"。曾经用前脚小爪爪把飞过的蚊子扑倒。值得欣慰也骄傲的是，小夏夏后来被我驯服得很乖，连矮桌也不会轻易跳上了。

讨厌

打雷、花火声、节庆活动中的太鼓声、剪指甲、被压制或强迫、医院、相机。

喜欢

酸奶、肉肉、刷毛、捉蝉、小鲜肉。

戴上花花扮美

今天
我3岁！

一起经历的痛苦和美好

我从小就期盼着有一天可以养猫。终于有一天这个愿望实现了，领回小夏夏。欣喜若狂的我，一开始就犯了一个大错。把它领回来第二天，我就兴奋地向朋友们炫耀："我养了一只叫小夏夏的可爱小猫咪，对新环境适应力超强～"并且接连邀请了两拨朋友来家里做客。小夏夏很怕生，躲在家具下面。我硬是把它拖出来，摆在众人面前，让它承受了大家热切的围观和友善的抚爱。虽然小夏夏一开始表现出了不情愿，但客人走后还是跟我和好，并且开心地吃起了东西。我还天真地以为它已然适应了新环境。没想到当天夜里，我正坐在桌前工作，原本安然酣睡在我脚边的小夏夏突然表现得极为痛苦，把吃的东

西全都吐了出来。这对我来说简直是晴天霹雳。还没缓过神，它又出现了痢疾症状。我看着它小小的身体承受着巨大的折磨，心中充满了不安、害怕、忧愁和焦虑，担心它会不会就此离开。赶忙在电话簿里查到动物医院的电话，火急火燎地说明了情况，宠物医师安抚我说，不用急，先观察一晚，到早上再看看情况。我才终于冷静下来，把痢疾症状稍微缓解的小夏夏抱到我的床上，让它睡在毯子上，一刻不离地照顾它。直到天微明时，小家伙的病情才终于稳定下来，沉沉睡去。而我也在充满猫咪便便的气味中挨着它睡着了。醒来后立刻带它去了医院，打针拿药，医师还告诉了我关于小猫的常识。过了一段时

间，小夏夏渐渐康复。原来幼猫在精神压力超过负荷的情况下，就会出现类似症状。我为没有察觉这一点而自责。那一晚的经历虽如噩梦般，但我和小夏夏就此建立了深厚的信赖关系。没想到当时那么幼小的猫咪，现在竟长成如此大猫，并且到2016年已满16岁了。

食物

一般会为它准备天然粮和对消化系统有帮助的机能性食物。因为如果只食用后者，会出现下巴微肿、结痂等症状。相反，如果只食用前者，可能会导致它胃肠虚弱，容易痢疾。但最近一直买给它吃的天然粮，突然宣告中止生产，这让我非常头疼，现在正在努力寻找合适的猫粮。

摆着人偶的架子和工作台

喜欢二次元的猫家长，在架子上摆了很多人偶做装饰。

正在守候工作中的猫家长

（9）

小夏夏的

生活空间

猫塔

年轻的时候它常常跳到最顶端，但近来已经无法完成了。猫塔的柱子依旧是它钟爱的磨爪利器。

午觉

夏天睡在北侧玄关附近。冬天则躲在电热毯或暖炉中。

大理石板

一开始为了抵御炎热的夏天，给小夏夏准备了冷却式空气毯，但它不喜欢。后来换成了大理石板，它这才欣然接受。

饮食地点

厨房的桌子下面设置了它的盘子。随着它年龄增长，有时会把盘子放在盒子上，以增加高度，方便它进食。

厕所

洗脸台旁边放着带盖子的猫砂盆。尺寸刚好够小夏夏蹲在里面。

不许偷看我上厕所！

平面图标注：
猫咪禁止进入
厕所
猫袋
大理石（夏日专用）
猫咪厕所
浴室
餐具架
水盆
壁橱
猫咪禁止进入
冰箱
桌子
猫粮碗水盆
书架
书架（人偶）
挂衣服
一字形茶几
衣柜
猫咪禁止进入
架子（人偶相关的物品）
架子
储物架
桌子下面有可供片刻小憩的地毯
电视
资料
电脑
印刷传真
资料
电脑终端
猫塔
猫咪托盘
小桌子
书架
洗衣机
阳台
置物处
竹帘 →

用身边的素材制作的猫咪玩具

小夏夏喜欢的
多款历代玩具

※ 市面上卖的带绳玩具的零件

小夏夏的最爱

左边的小鸟娃娃是它的最爱。右边的用毛巾织的小玩意儿，意外得到小夏夏的喜爱。

> 老鼠形状的玩具？
> 不，好意心领了～

串串珠

将木头珠子、佛珠交互串在丝带上做成的玩具。

※ 为避免因丝带断裂而导致猫咪误食散落的珠子，玩耍时保证在猫家长视线范围内。

羽毛吸管

从公园捡回一片好看完整的大羽毛，清洗后经开水消毒，用胶布将羽毛根部绑粗，涂上粘胶，插入吸管固定。也可以用印花可爱的纸胶带装饰吸管。

毛球

小夏夏对毛球也是情有独钟。上面是使用（咬）前，下面是使用（咬）后。

小夏夏的健康状况

●接种疫苗后脸部会出现肿胀，疑似为过敏体质。另外，下巴肿胀的症状被医师诊断为可能患有嗜酸性肉芽肿，让人非常担忧，但还好没有大碍。

●小夏夏2岁半在背上接种的疫苗，3岁时逐渐凝结成肿块，经过手术切除。术前被医师告知可能是恶性肿瘤，手术前后的好几周时间里，我因为受到打击以及忧虑整日以泪洗面。后来病理检查结果出来，证实是良性肿瘤，这才如释重负。造成肿块的原因，是小夏夏的体质对疫苗中的成分有抗药性，与医师商量后决定，今后不给小夏夏注射疫苗。从那以后，我格外小心，避免把病原菌从外面带回家。

在外面不会轻易触摸别人家的猫咪，若不自觉地碰到了，回家会立即洗手。如果路经有很多野猫出没的环境，回家还会给鞋底消毒等。

●肿块切除手术后不久，小夏夏又患上了膀胱炎，导致了尿结石。也就是俗称的猫下泌尿道疾病（FLUTD）。努力治愈后又频繁复发，最后结论是小夏夏的病很可能是由精神压力引发的。特别是长时间独自留守在家，给它带来了很大压力。后来我就尽量不外宿，迫不得已的时候，就拜托朋友帮我照顾，从此复发的频率得到了明显减缓。我也得出了结论：小夏夏的留守时间极限是30个小时。最近几年，它的下泌尿道疾病也几乎没

有复发过。但外界的压力对它的影响，从尿道转移到了便便。承受压力后，小夏夏就会闹肚子。不过食用治疗痢疾的猫粮，就会立竿见影，程度远比之前轻。我的精神压力也放松不少。

17 年份的圣诞贺卡

以猫咪为主角的圣诞贺卡，记录截至 2016 年的一起生活的 17 年。猫家长每年圣诞节都会拍下小夏夏，制作成圣诞贺卡。

0 岁 第一次一起过圣诞，制作了第一张爱猫圣诞卡作为纪念。从此成为惯例。

1 岁

5 岁

原本橙色的瞳孔，长大后变成了绿色。这一变化也被记录在圣诞卡片上。

6 岁 6 岁开始进入了"讨厌相机"的反抗期。没办法，只好把"小夏夏今天不开心"作为拍摄主题。

7 岁

12 岁

13 岁

14 岁

2 岁

面对小圣诞树和上面亮晶晶的挂饰玩心大发的小夏夏。

3 岁

4 岁

8 岁

圣诞节蛋糕上的麋鹿装饰等身边的物品，成为小夏夏的摆拍道具。

9 岁

10 岁

11 岁

15 岁

按下快门时小夏夏刚好打了一个哈欠，镜头捕捉下这个难得的绝妙瞬间。

16 岁

小夏夏头上顶着的是布偶玩具用的大礼帽。

从 cosplay 到平面设计，费尽心思的圣诞贺卡

小夏夏的圣诞节
每年都辛苦啦大明星！

圣诞帽的制作方法

材料

帽身・绑带　约 30 cm × 20 cm
帽檐装饰・毛线球用料　约 50 cm × 7 cm
少量手工用的棉花　魔术贴 1 组
线・针・剪刀
※ 根据猫咪的头围，材料可适当增减

准备

请使用封底内侧的裁剪图，剪出帽身、绑绳、毛绒的形状。

❶ 先做帽子毛球部分。把毛线与底布的内侧重合，留出缝口。翻过来塞上棉花，再缝好

缝边　背面　→　正面
剪开　棉花
这里！

❷ 绑带部分用的布料，内侧朝外，折叠缝制，再翻到正面

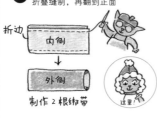

折边　内侧　→　外侧
制作 2 根绑带
这里！

❸ 将制作帽身部分的布料反面朝外缝制

内侧　内侧
这里！
绮好缝边后熨烫！
用熨斗展开缝头熨烫

❹ 在帽檐部分缝上绒毛，作为装饰

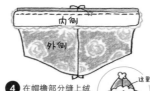

内侧　外侧
这里！

❺ 缝合帽子的后部

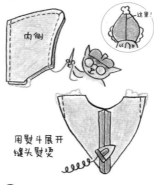

内侧
这里！
用熨斗展开缝头熨烫

❻ 帽子的底部用熨斗折叠烫边并缝制

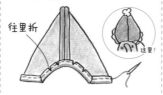

往里折
这里！

❼ 把装饰帽檐的毛毛往内折，缝制固定在帽檐上

这里！

装饰用的毛绒料（背面）

②　帽子（背面）
下侧

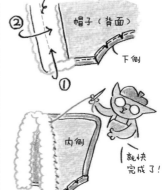

内侧
就快完成了！

❽ 把绑带缝在帽子后部下方

这里！

外侧
绑带折环

❾ 把帽子戴在猫咪头上，测量出魔法带的位置（留出 3 根手指的距离，以免过紧），缝上魔法贴

❿ 再把毛球缝在帽尖上，大功告成！

完成！

可以根据喜好，剪下喜欢的布，填塞棉花，缝在帽子上做装饰

要注意魔法贴的缝制位置

56

※ 裁剪图请参照封底内侧

拍摄现场

布景和装备都追求真实，拍摄完成后再简单修图，制作成卡片！
整个制作过程，让"人"非常充实满足，猫却似乎无法感同身受这份乐趣。
让我们去照片拍摄现场一探究竟～

已经成为家里一年一度的摄影节了

❶首先布置拍摄背景。把窗帘铺在沙发上，摆上一些有圣诞气息的配饰

❸猫咪察觉要被拍，立刻翻脸

不会是要……

这样就可以放过我了吧！

❻抓拍到了！但细看发现，脸的角度歪歪的……

❷把戴上圣诞帽的猫咪抱到布好的场景中

❹多次试图逃离现场

讨厌～想赶紧逃离这里

❺猫家长气定神闲地把它抱回来

升华为物我两忘的境界

❼虽然猫咪多次逃跑，但我仍坚持不懈地拍了6次，终于抓拍到理想的一张。关键在于永不言弃……

修图过程

把照片用 Photoshop 进行加工，作图定稿。

❶把拍到的满意照片，放入电脑开始P图

❸将填充为蓝色的图层的透明度设置为50%。再另外新建图层，用画笔点上雪花

❺确定要剪切的区域，裁剪图片

❷调整色彩平衡度，提高颜色饱和度。想让整体更蓝一点，新建图层，用笔刷将背景涂蓝

❹再添加一个图层，在猫咪眼睛中点上星星

❻加上文字，将图层设置为"边缘投影（Drop Shadow）"效果，赋予文字立体感

富美家的

铃铃

photos&report:Fumiko Endo

讨厌过于
逼真的猫抱枕！

铃铃　女生

推测为冬天出生　10岁
约 4.2 kg　黑猫
出生地：东京都文京区
现居地：神奈川县川崎市

猫咪眼中的
家族成员

富美小姐：常常外出，但在家的时间，会跟我一起滚来滚去。在家时总会一顿不落地做饭用餐的贪吃鬼。对我的食物限制却非常严格……真想劝她有时也跟我一起减减肥。有时房间会被富美弄得很乱，让我陷入迷路的窘境。

相遇

富美的朋友千惠子说起，有时会保护附近的野猫，并给它们喂食。其中有一对黑猫母女偶尔会出没在千惠子的院子。小黑猫越长越大，经常受到母猫或野猫的攻击。之后有人说愿意收留它，但不久后因为不习惯新生活它又跑回来了。那个阶段与富美相遇，坐上了可搭载宠物的出租车，来到了神奈川县川崎市。第二天，就被取名为"铃铃"。那时候，铃铃10个月大。

性格·习性

非常胆小。突然摸它都会把它吓得跳起来。但同时也是爱撒娇怕寂寞的黏人鬼。富美在家上厕所，它会跟着到门口，把小黑手从门缝中伸进去挥舞……再拉开一点门，它就会钻进来，或是乖乖地坐在门口等

着。不知道是不是因为肉球水分大的原因，铃铃走起路来会发出啪嗒啪嗒的声音。

兴趣·特长

喜欢在家滚来滚去。喜欢观察蝉，追逐飞进房间的蚊子或飞蛾，以及观察窗外的事物。趴坐在地上的时候，喜欢把后脚的肉垫露出来。有时冲着猫家长富美挥舞猫咪拳，顶住她的额头出击。

健康状况

猫咪肛门处有一个类似臭鼬臭腺的器官，有的猫由于体质原因，天生肛门腺管道过细，容易阻塞（肛门腺破溃）。铃铃5~6岁的时候，突然发现肛门腺破了3个小洞，有点化脓，赶紧带它去医院检查。宠物医生把它患部的毛剃掉，挤出脓水，打了

两针，并开了几天的药。由于体质原因，应尽量摄取少盐食物。宜选用盐分较少的干猫粮，零食改为极少量的鱼干※。并时刻留意它有没有舔碰自己的患处。有一段时间它一只眼睛流泪不止，需要一天滴两次眼药水。医生给它滴眼药水时十分顺利，但家人试图帮它上眼药水时，小家伙却拼命反抗，抓得我们满身是伤。

从野猫到家猫的转变

刚刚领回家时，它一整天蜷缩在猫笼的厕所里不肯出来。家里有人的时候，它总是不吃不喝，也不肯睡觉，身体僵硬，一动不动。等周围没人时，才从厕所出来偷偷进食。就这样过了 10 天，终于肯踏出猫笼的铃铃，前脚刚刚踏出笼子，又立马缩了回去。就这样循环往复地过

了 4 个月，它终于肯走出门了。在那之后，又花了半年时间，才让它卸下防备愿意被人抱。虽然直到现在，铃铃都不太习惯被人抱，但抱一阵，它也会发出"咕噜咕噜"的满足声。家人回来时，偶尔它会惊恐得全身毛发倒竖，就好像猫家长从外面带回了什么不吉利的灵异之物。出门拍一拍全身再进门，它又会若无其事地"喵喵"叫着欢迎家人回来。

收到的礼物通通被雪藏

妹妹小八手作了猫咪用的坐垫送给铃铃，它却因为接触到假毛皮兴奋过度，大闹了一场。那之后又收到了朋友送来的柏林式编织法制作的猫咪抱枕。而铃铃看到那逼真的猫咪织花，吓得跳起来，不停挥舞猫

咪拳。这两件礼物都不得已被封藏起来。

喜欢

从春天到秋天，铃铃透过飘窗观察外面的景物。它喜欢观望着外面经过的垃圾回收车、谈话的人们和飞来飞去的鸟儿。喜欢睡前去富美床上蹭蹭她的脚，然后如愿得到摸摸头的回应。冬天最喜欢待在暖炉前面、铺地暖的房间或纸箱中。每天的大型运动会，是围绕家里跑两圈。喜欢刚洗好的衣物，刚刚收进来，铃铃就会跑过来趴在上面，其中最爱的是毛巾和衬衫。另外，它还喜欢坐在黑色包包和衣服上。

讨厌

来客、对讲机的声音、打雷、警笛声、被人抚摸肚子或下颚。

※ 供人食用的无盐沙丁鱼干：宠物店卖的沙丁鱼干盐分太高，尽量不要喂给尿道有问题的猫咪吃。

早上好！

7:00

还要睡到什么时候！

7:45

今天要做什么呢喵～

8:00

10:00

10

58只猫咪的轻松日常

铃铃的
悠长一天

懒洋洋，暖洋洋

7:00	● 每天起床时间与猫家长一致，一起早起，或一起赖床。
7:30	● 等家人都起床后，总是第一个吃早餐。
7:45	● 家人刚把早餐放在猫粮碗里，它就会自动出现，要先吃一点醒神的小点心填肚肚，才开始吃自己的早餐。
8:30	● 吃饱后小睡一下，时不时出来蹭一蹭，摸摸头。
9:00	● 家人开始收拾打点，各自准备出门时，小铃铃就乖乖走向电热毯或卧室的纸箱小窝去睡觉。
18:00	● 家人回来了就跑到门口迎接！（偶尔……）
19:30	● 晚餐时间努力吸引大家注意，求得看一整天家的奖励。偶尔也会来餐桌看看大家晚餐吃的什么。
0:30	● 跟着家人去卧室，睡前要玩耍一番。
0:40	● 虽然睡了一整天，但好像又困了……

木柜　木柜
纸箱
猫粮碗
架子
架子　猫笼
厕
床
猫咪厕所
磨爪器
木柜
架子
书架
架子

铃铃的
家中 活动范围

铃铃的各种玩具

把包巧克力的漂亮糖纸揉成小球。滚落在地毯或者地板上，然后奋力追逐。

心爱的磨爪器

鱼形的磨爪器。铃铃只爱用少见的木质磨爪器。苦苦寻才买得到，现在是第三代。

老鼠形状的玩偶是心头宝喵～

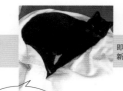

11:00 阳光太舒服喵~　**16:00**　**20:00**　虽然一直睡，还是睡不饱喵~　**0:40** 即将迎来新的一天

架子
和式房间
禁止随便进入的房间
电视
磨爪器
阳台
零食
水盆
洗衣机
架子
架子
厨房
冰箱
桌子

三角形飘窗
视野很好的飘窗。夏天有时会从眼前的森林中飞来蝉，它就一动不动地观察。

地板冰冰的好舒服喵~

还是这里舒服~

阳台
虽然有点怕怕的，但家人晒衣服的时候，会一起到阳台来，怯怯地探头看看外面的世界。

在走廊滚来滚去
铃铃夏天有时会睡在走廊上，一开始我们并不知道它的这个习惯，半夜起来上厕所，踩到了走廊上睡着的猫，双方都一阵惊声尖叫……

卧室之一：纸箱
家里有客人来访时的避难所，也是绝佳的卧室之一。

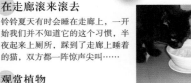

观赏植物
在家中体会森林浴~

饮水的地方
饮水处设在猫笼前面，喝到饱。

进食和厕所的位置
进食和上厕所都在刚来时宅了很久的猫笼里解决。也试图搬到厨房，但猫咪似乎很不习惯，只好又搬了回来。

阿部家的
樱先生和阿雅妹

今天吃什么呀？

photos&report:megumi

樱先生　男生

10月出生　5岁　约4kg

棕色虎猫

出生地：大分县丰后大野市

神经质，好奇心旺盛。常常跟在妈妈身后走来走去。听人讲话，与人沟通。睡觉的时候头一定要放在枕头上，却从不钻进被窝。前肢非常灵活，常常拿走各种东西。"就是我把姐姐的手表藏起来了喵～"

阿雅妹　女生

6月出生　3岁　约7kg

茶色虎猫

出生地：大分县别府市

看起来悠哉，实则警惕性强。对声音敏感，怕陌生人。最喜欢箱子和口袋，找到就会往里钻。睡觉时会枕着前肢。毁坏隔扇、栏杆、沙发、窗帘等，破坏力极强。

猫咪眼中的
家族成员

妈妈： 温柔关心我们的人，最爱妈妈了。

哥哥： 看得出哥哥很喜欢猫，常跟我们玩。

爷爷： 在家一睡就是一整天的人。有时候会摸摸或拉拉我的尾巴。

姐姐： 有时会突然回家来的姐姐。常常陪我们玩。总是用毛线在织着什么。

相遇

樱先生： 从养猫无数的人那里要回我。

阿雅妹： 我在别府市的某辆车的汽车轮胎上睡着的时候，被猫家长遇见并把我捡回了家。

小插曲

樱先生： 在医院把猫笼弄坏，是只"问题猫咪"。可爱之处在于，困了就会跳到妈妈的大腿上。家里最爱的就是妈妈了。与爷爷不太亲近，但爷爷把樱先生最爱的毛毯搭在膝盖上时，会不自觉地跳上去，揉揉抱抱。

阿雅妹： 困了就在客厅一边喵喵叫，一边徘徊。如果沙发或喜欢的床位被人占着，就会不安分地走来走去。厕所稍微有一点不干净，就会用喵喵叫提醒猫家长。肚子饿了也会喵喵大叫着催促人帮它准备食物。

ZZZ……

樱先生

阿雅妹

健康状况

无论是樱先生，还是阿雅妹，我们都不会喂它们吃人类的食物。每天早上，把它们放出院子玩耍，保证每天运动 30 分钟，维持健康和好身材。但……

爷爷刚刚开始出现健忘症状时，阿雅妹被接回来了。樱先生不怎么主动接近爷爷，但阿雅妹却对家人都很好亲近。大家都出门上班后，阿雅妹会去爷爷身边，催促他给自己准备食物。可爱的模样让爷爷忍不住大把大把地喂它吃猫粮……于是阿雅妹在这样的循环往复下一天比一天圆润起来。

刚刚接回家时的阿雅妹

喜欢

樱先生：绳子系列的玩具、在绒毯上滚来滚去、被人推着转啊翻滚啊。

阿雅妹：箱子或袋子里面。

讨厌

樱先生：打雷，每次都会躲去佛坛下面。

阿雅妹：最讨厌吸尘器的声音。每次吸尘器一启动，就落荒而逃。

阿部家的历代猫咪：

阿米：三毛猫，女生。一条后腿被火烧伤。捕猎能手，常常捕获猎物回来。还帮助姐姐照顾孩子，不愧是聪明的家伙！20 岁的时候离开我们，去了另外一个世界。

你开心就好……

猫上电视了！

今天天气好好呀~

6:00

喜林草早安~你终于开花了喵~

6:15

今天也来搜寻一遍院子!

6:20

开动啦~今天是金枪鱼罐头哎!

樱先生和阿雅妹的
悠长一天

懒洋洋，暖洋洋

6:00 ● 在妈妈的床头一直盯着看，等妈妈起床就可以开门放我们出去院子里玩啦~妈妈快起床吧!

6:15 ● 虽说是出去玩，稳重的樱先生并不会跑出院子很远，通常只是在玄关前的石阶上滚来滚去，摆弄一下花草。

6:20 ● 比较之下，阿雅妹却活泼地在院子里绕圈疯狂奔跑，爬树挖土，元气满满。

6:30 ● 清晨的散步结束后，是早餐时间! 关系要好的两只猫咪吃完罐头，还会得到一些干猫粮。

9:00 ● 家人都出门上班后，它们在各自的专属位置补觉……

11:00 ● 睡醒之后就开始追逐打闹。有时玩"警察抓小偷"，有时是"梁上过招"。

18:00 ● 到了傍晚，两只猫咪安静下来，并肩望着窗外。

23:00 ● 晚饭后，玩一会儿就困了……等关灯后，潜进妈妈被窝，晚安啰~

6:30

困了喵~睡个回笼觉~

9:00

23:00

18:00

哥哥在给我们加灯油呢~

喂! 你不要太过分!

你奈我

11:00

饮食地点

猫咪用餐的位置在从沙发能一眼看见的地方。肚子一饿就会喵喵叫个不停，催促猫家长准备食物。爷爷耳朵不好使，它们会跑到他脚边去大声叫嚷，直到获得想要的食物。有种不填饱肚子誓不罢休的架势。

爷爷的房间

樱先生最喜欢爷爷的花毛毯了。每次爷爷盖着那床印花毛毯，它都会跑上去跟爷爷一起睡觉。

超爱这条花毛毯~

这小猫真讨人喜欢~

樱先生和阿雅妹的

家中 活动范围

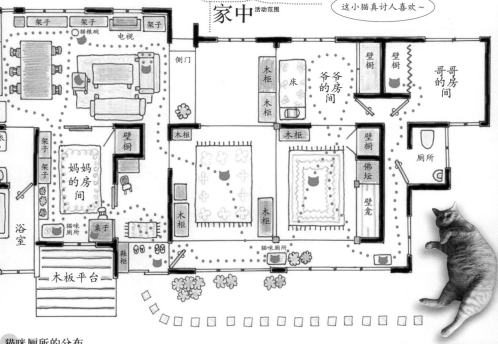

架子　架子　　架子
猫粮碗　　电视
冰箱
洗衣机
浴室
架子
架子
妈妈的房间
猫咪厕所
壁橱
桌子
鞋柜
木板平台
侧门
木柜
木柜
木柜
木柜
床
爷爷的房间
木柜
佛坛
壁橱
壁龛
壁橱　壁橱
哥哥的房间
厕所
猫咪厕所

猫咪厕所的分布

猫咪厕所在妈妈的卧室和走廊里各有一个，两只猫公用。在厕所这件事上倒是不讲究，让人有些意外。

哟呼~
妈妈抱我了喵!

喜欢的场所

坐在走廊上那个藤编的架子上，看看窗外，睡睡午觉。也是在那里每天盼着家人回来。

新数码产品
模拟化科技
统统放马过来

樱先生和阿雅妹喜欢的
玩具和空间

绳子类玩具

樱先生对绳子类玩具情有独钟。不论材
质和种类，只要有人提着绳子晃着逗它，
它就开心得停不下来。想要找你玩绳子
的时候，会把绳子叼在嘴里跑到你面前
"喵~喵~"呼叫央求。

嗯？嗯嗯嗯？

对对，
就是这样~
超开心~

等等，等等，
我再玩一
下下……

差不多换我
也玩一下啦~

箱子里装了东西？
没关系喵~

包包和箱子

阿雅妹对玩具不感兴趣，但找到包袋
和箱子，就会立马钻进去，不管里面
有没有装东西。

iPad

两只猫用 iPad 玩起了专为
猫咪开发的游戏。一开始
只有樱先生玩，后来阿雅
妹受到影响也跟着一起玩。

阿雅妹待在装香菇的箱
子里。后来被盖上盖
子，还在里面睡着了。

小泉贵子的

猫咪语录

【一心不乱】

聚精会神做一件事，
不想其他事。

等待被喂食的猫咪，
忘我玩毛线球的猫咪，
都可以做到「一心不乱」。

跟我玩!!　跟我玩!!

【唯我独尊】

只考虑自己，
丝毫不顾及别人。

猫家长想看会儿报纸，
拼命前来捣乱的猫咪。

【装模作样】*

隐藏本性，
故意做作，
假装乖巧。

猫也常常戴上猫面具（假
装乖巧），不知道哪张脸
最合适呢？

版画·文章：小泉贵子（她也是 P28 小次郎的猫家长）

*译者注：这个成语的日语是"猫を被る"，直译为戴上猫面具。

🐱 67

北屋家的

小麦麦

photos&report:
Shouzou & Chiaki Kitaya

高举双手欢呼状，
美梦中……

小麦麦　女生

6月出生　3岁　4kg　虎斑猫
出生地：埼玉县川口市
现居地：东京多摩市

猫咪眼中的
家族成员

寄宿家庭的奶奶（音）：温柔的奶奶，常年在家。有时会喂我一些可乐饼或炒面，虽然我是不会吃这些食物的喵～

寄宿家庭的阿姨（千）：总是很忙碌。偶尔回家。我的家仆兼玩伴。会做美味猫咪料理给我吃。

昭昭：奶奶的孙子。有时会在这里过夜。我的小弟兼玩伴。把他踢到破皮流血也不会责骂我的小男孩。每次见他都发现他长大不少。

热心的久间和矢子：家人出去旅行时，会来照顾我的两位热心肠阿姨。

相遇

在埼玉县川口市的公园里被做清洁的姐姐捡到后，放在附近有名的，养了9只猫咪的吉松家（P104）暂养，先取名为"粗砂糖"。随后在脸书上公开招募猫家长，北屋一家最终获得领养权，"粗砂糖"搬到了东京多摩市，被改名为"小麦麦"。

性格

北屋家的寄宿猫。野性难驯，活脱脱一只家养的野猫。性格独立，不依赖人类（吃饭的时候除外）。追寻自由（也可称为目中无人）。把晾衣间当成自己的房间。肚子饿了就跑去厨房，吃饱后又回到晾衣间。冬天一声不吭地搬到有暖气的房间。活出自己，不在意别人的眼光。说好听点就是心理素质强大。

忍耐力强，对自己坚持的事很有耐心，不达目的誓不罢休。想尽办法禁止猫咪进入阳台，出去了又若无其事地自己回来。有一次被抓了现行，从那以后决不会央求人帮忙开门，而是独自探寻各种开门方法，性格有些死心眼。迷恋塑料袋。掉毛多。

兴趣·特长

特长是演戏，坐在猫粮碗前，一副"我从早上开始就滴水未进"的表情，骗奶奶给它准备食物。喜欢从秘密基地的衣帽间上方突袭"凡间"的人类。

6月的某个雨天，吉松先生带我去了越新宿

小麦麦日记……5级地震那天，我迅速躲到了电脑键盘下方，确保安全。比奶奶更能冷静精准地做出判断。

吃饱啦~

脚步轻快

嗷嗷~好无聊喵~

捕获"野生动物"大作战

每次要带它去看宠物医师都是一番苦战。小麦麦似乎预感到要被捕，疯狂逃窜。封堵它的"老巢（天花板衣帽间拉门）"，用饼干做诱饵，都无济于事。每次两个人要花30多分钟才能捉到这只"野生动物"。一旦被装进猫袋它就老实了，一声不吭。看完兽医回家的路上，沿着河边慢慢走，它东张西望，看看水里的鸭子，再望望头顶的樱花，看上去心情舒畅。但一回到家附近，就大声地喵叫起来，仿佛在说："小野兽回来啦！"进门后悠哉地四脚朝天躺过来，像在感谢猫家长带它去散步。兽医日总是周而复始地重复这样的大作战戏码。

赐予你拍拍我的权利喵~

在日常生活中下功夫

将家里设计成任何地方都可供它探险。包括衣帽间上面的拉门，壁橱的设置，都尽量考虑到猫咪的通路和休息的空间。虽然也很想放它去阳台，但幼年的小麦麦曾经爬上为保安全安装的格子铁丝网，在宽幅仅3 cm的粉扶手上行走。从那以后就严禁让它踏进阳台半步。现在差不多长大了按理说可以解禁了。但它运动神经不太好，现在解禁还是让人非常担心。

讨厌

抱抱、剪指甲、戴猫圈、被束缚、吸尘器、纳豆、薄荷醇的气味、4个人以上的房间、宠物袋、医师、榻榻米店的大叔、减肥（可能会讨厌）。

喜欢

皇家牌（royal canine）猫咪饼干、出汁*罐头、报纸、纸箱。虽然不喜欢被抱抱，但会要求猫家长轻挠某些特定的部位。自己的房间、一个人的时间、奶奶的小孙子昭昭、送快递的和做电工的帅小伙、厨房除菌剂的气味、阳台。

* 译者注：出汁，是用鲣节或昆布熬煮的高汤，是日本料理中用来充分率引出原材料的原味的调味料。

Z Z Z

不幸被捕……

昭昭好可爱喵~

早哦!
起床了~

我好好
端坐哦~

啊,要上班啰~
晚上见哦!

睡得好
舒服呀~

早上好!

5:00　**6:00**　我在家继续睡了喵~　**9:00**　**11:00**

小麦麦的
悠长一天 懒洋洋,暖洋洋

5:00 ● 起床。伸展之后叫醒爆睡中的猫家长。早餐之后再小睡一会儿。

8:00 ● 看阿姨(千)吃早餐,稍微运动一下,又犯困了,进入晨睡时间。

12:00 ● 肚子小饿,跟奶奶(音)一起吃午餐。饭后午睡。有时候会在周围巡逻一番。奶奶(音)也在午睡,小麦麦跟着一觉睡到傍晚。

19:00 ● "我要吃晚餐!"宣言胜利实现后,又去突袭奶奶(音)的晚餐。看到想吃的食物就问奶奶要。今天要到了鲑鱼!

23:00 ● 阿姨(千)下班回家吃晚餐,顺便给小麦麦煮了鸡胸肉做消夜。吃完过后是运动时间~

2:00 ● 啊~累了累了。今天有点热,去那个朝北的房间睡吧!

有洞的椅子
椅背上有掏空挖洞设计。小时候可以全身穿过那个洞,但现在已经只能勉强将下巴托在洞里。小麦麦还喜欢印有红色爱心的坐垫。

吓到神情呆滞

小麦麦的
家中 活动范围

进门要敲门喵!

放在玄关前面的磨爪器
刚买来的时候其实并不太喜欢,但小麦麦对磨磨爪、阵地战和捉迷藏很感兴趣。只是奶奶有时候会把这个磨爪器扔进垃圾中,这不太妙。

晾衣间
小麦麦喜欢早上在朝南的晾衣间(自己的房间)晒太阳……家里有人洗了衣服要晾的时候,就会忙上忙下的,不得安宁。每当这时它就会跳上离天花板近的收纳柜睡觉。

布制猫房
午睡,阵地,游乐场的最佳选择。圆形的洞口刚好够它托下巴。

尺寸用来放下巴,刚刚好!

北屋家的小麦麦

⑫

58只猫咪的轻松日常

午饭还没好吗喵！

还没好吗？

今天的晚餐吃什么呢？

z z z

即将迎来新的一天

12:00　　　19:00　　　23:00　　2:00

麦麦日记……家里有台猫咪自动喂食器，我仅仅花了 10 分钟，就掀开了盖，攻占成功。无奈机器被转让给了偶尔来照顾我的久间阿姨家的小福福。

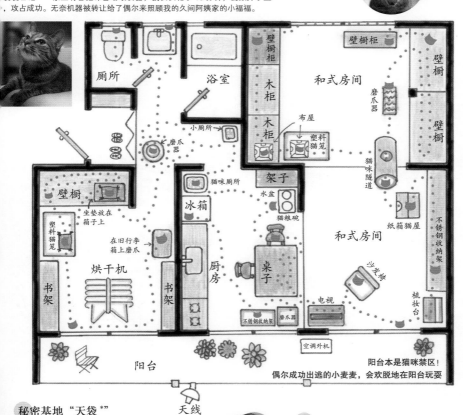

厕所

浴室

小厕所

磨爪器

壁橱

坐垫放在箱子上

塑料猫笼

在旧行李箱上磨爪

烘干机

书架

书架

厨房

冰箱

猫咪厕所

桌子

不锈钢收纳架

磨爪器

壁橱柜

木柜

木柜

塑料猫笼

布屋

和式房间

磨爪器

架子

水盆

猫粮碗

和式房间

猫咪隧道

纸箱猫屋

沙发椅

电视

梳妆台

壁橱

壁橱

不锈钢收纳架

空调外机

阳台

天线

阳台本是猫咪禁区！
偶尔成功出逃的小麦麦，会欢脱地在阳台玩耍

秘密基地 "天袋 *"

(*译者注：天袋，是日式房间中接近房顶的推拉门储藏柜)
在天袋为小麦麦留了它的专属空间，它很喜欢在那里活动。睡睡午觉，或是埋伏着等猫家长一回家就发起突袭。偷袭成功的优越感让它很是得意。

咕噜噜~

偶尔出现叛逆期症状

木柜的抽屉

不小心忘记关好收纳衣物的木柜，一不留神小麦麦已经在里面惬意地蜷成了一团。衣服也沾满了猫毛。

准备偷袭~
喵~

映照四季之窗

常常透过朝南的窗户，观察窗外的小鸟和行人。四季变换，景色不同，很有情致。

🐾 71

防止暴饮暴食！
为贪吃的小麦麦
手作了减肥用的
装置

身材微胖的小麦麦专用
饼干喂食装置

肉垫
会卡住呃……

就快够到了！

把吃零食设计为游戏

插画家久美做的饼干游戏装置。把饼干等小零食分装进塑料杯里，猫咪需要费尽心力用肉垫——取出才能吃到。那努力的样子实在可爱！以前都是把饼干放在盘子里喂它，狼吞虎咽的小麦总是不好好咀嚼就大口吞下，所以发明了这个装置。一来可以让它一块一块细嚼慢咽，二来可以避免暴饮暴食，对保持身材也有帮助。

装点升级饼干装置

❶ 在杯子的底部粘上强力双面胶，固定在裁剪好的纸板上

顺利拿到！
机敏如我！

小麦麦，你
最近胖了哎！
（猫家长）

这话要瘦子说
出来才有说服
力呢～

❷ 把杯子摆好，选择比杯子整体面积稍大一点的纸板，粘上喜欢的纸胶带装饰

咔咔
哒哒

据说对减肥有
帮助……

❸ 把相邻的杯子用胶带贴好，装进猫咪饼干

啊～
累瘫了喵……

用厕纸的芯代替塑料杯

这是猫家长的改造版装置。把厕纸的芯摆在一起，相邻的用双面胶粘。用厚纸板做纸盒，放入厕纸芯并固定。把纸筒涂上颜色，用布包裹装饰纸盒，完成！纸筒的口径大小刚好是小麦麦的前爪可以塞进去的大小，完美！

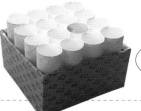

能不能让猫
好好吃饼干喵～

小麦麦喜欢的
多款历代玩具

是鱼形的玩偶诶~

可爱可爱~

它耳朵像像鲨鱼，但是手却像哆啦A梦

大爱报纸！

被报纸包围充满了幸福感。随意掀开它的报纸会遭来猛烈的攻击。在报纸堆里玩着玩着困了就直接睡去。猫砂上也要铺着报纸。

纸箱

在纸箱上开几扇小窗，做成迷你猫屋。猫屋被它玩得破旧了，就用新的纸箱，盖2楼，盖3楼，接着玩~

电动猫转盘

刚买回来的时候小麦麦并不感兴趣，后来经过苦思改良，让转盘可以发出沙沙声后，猫咪玩心大发。但也只持续了3个月，后来就不闻不问了。

踢了又踢，刮了又刮

幼猫时代

电视机

小麦麦对电视屏幕上播放的小猫或者小鸟，丝毫没表现出兴趣。却死死盯着柠檬收获的画面。

我蹭，我踢~

晨间的电视剧动画也很喜欢

猫咪隧道

纵身跳入猫咪隧道，愉快穿行，或停在里面小憩。之前买的已经快被小麦麦玩坏了，准备再买一个新的回来。

最近

旧袜子做的猫咪抱枕

把棉花塞进旧袜子里缝好，做成的猫咪抱枕。出自偶尔帮忙照顾小麦麦的矢子阿姨之手。棉花中放入木天蓼的果实，小麦麦就会兴奋地撕咬玩弄。两周内就会被它弄坏的频率……小麦麦偶尔会如梦惊醒般跑去玩具篮里翻出抱枕，踢了撕咬。这让猫家长一度担心它是不是有什么压力得不到疏解。

小麦麦照片的使用方式

为奇怪表情的照片添加标题，或在照片上即兴涂鸦，贴在墙上等……它表情百变，眼神坚定，十分有趣。

※ 哈油舔舔（鬼）是日本百鬼之一，卖油人死后所变的妖怪，出现于鸟山石燕的《续百鬼》。多以火球的姿态飞来飞去，喜欢在黑夜熄灯后飞入屋内，然后变为小孩的模样，贪婪地舔食纸罩灯中残留的灯油，舔完油后又变为火球飞出窗外。

荒川家的

小春

photos&report:Kazuko Arakawa

想要肚肚的
按摩喵～

3月出生　8岁　约8kg

白色浅棕纹虎斑猫

出生地：茨城县西部

现居地：茨城县北部

猫咪眼中的

家族成员

和子（猫家长）：妈妈。给猫咪按摩的高手。给我做饭的人。陪我一起玩的人。也是偶尔会朝我发怒的人。

爸爸：吃妈妈煮的饭的人。身上有奇怪的气味。

妹妹（有时会来家里玩）：偶尔才会来家里，对我表现热切友好的人。身上带有与和子妈妈不同气味的人。会轻轻拍拍我的人。

相遇

之前养的猫咪去世一年后的某天，爱猫咪的网友发来邮件说："有没有考虑再养一只猫咪呢？我朋友家刚好在为猫咪找饲养家庭，发给你看看。"邮件中照片上的白色猫咪，有一双蓝色眼睛。那就是小春。看到照片的瞬间，我就被它调皮的表情和水灵的蓝眼睛所俘获，决意要收下它。驱车1个小时，去接它回家。初见时，出生刚半年的小春，身长比一般的幼猫大很多。从小体型上的优势，让它现在顺利长成一只大猫。

性格·习性

任性的小王子。有点胆小，却好奇心旺盛，什么都要凑上前去一探究竟。喜欢恶作剧，挥舞猫咪拳把桌上摆的东西通通打落到地上。打开抽屉，弄开拉门，翻乱里面的东西也是"道上高手"。喜欢依偎着人睡觉，喜欢被人摸摸肚肚，喜欢腹部按摩。身体柔软，舒展时颇有杂技风范。也因为身体柔软，睡姿清奇。另外，还有舔咬塑料袋的坏习惯。

兴趣·特长

兴趣是钻箱子，猫咪瑜伽，观察鸟类。特长是站立和灵活使用四肢捣蛋。

滚去　　　滚来

健康状况

患有尿道结石。曾因无法排尿住过两次院。其中一次因为尿道阻塞住院一周之久。因此，我们格外留心它每天的尿量和排尿次数，大小便的状况等。食物也只限于有益改善尿结石（减肥用）的干猫粮。

经历东日本大地震

311东日本大地震时的经历让人刻骨铭心。家人都平安离开家避难，小春却被困在了家里。当时倒下的书架堵住了房门，小家伙被死死困在房间。回家营救时，它躲在壁橱中瑟瑟发抖。或许是由于过度惊吓，得救后的小春大半天都没有发出声音，只是一个劲儿地发抖。从那之后，它记住了地震警报声，一响就会立刻躲到桌子下面避难。

（防灾猫！）看来可怕的地震灾害，不仅给人类，也在动物们心里留下了无法抹去的阴影。

荒川家上一只猫咪秀太

享年13岁　男生　茨城县北部
特征：胆小的巨猫。聪明，爱撒娇。有时甚至怀疑它听得懂人类的语言。13岁的时候去天上做了一颗星星。

喜欢　　讨厌

吹风机的风、镜头。

吃东西、猫咪按摩、观察窗外风景、塑胶袋。

猫咪床垫！太舒服了喵～

讨厌住院喵～

🐱 75

早上好!

嗯？已经到早上了喵？

请端来我的早餐，换取报纸

今天也要早早回家哦!

6:20

报纸被它压在身下

7:10

8:20

8:20~18:0

拥抱自由的时

小春的
悠长一天

懒洋洋、暖洋洋

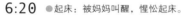

滚去   滚来

2F

6:20 ● 起床：被妈妈叫醒，惺忪起床。

7:10 ● 早餐：一大早食欲就非常旺盛！一不小心妈妈就会被报纸内容吸引，所以小春会暂时把报纸压在身下，直到妈妈端来食物。

8:20 ● 送家人出门：每天都到玄关送家人出门，额头顶额头是快快回家的盖章约定。

● 看家：工作半天就回家的时候，小春多半都在酣睡。

18:00 ● 迎接家人回来：在2楼的窗户窥见猫家长的车开回来，立刻冲下一楼玄关接驾。"欢迎回家！我~的~晚~餐~呢？"

18:30 ● 晚餐：现在因为身体关系，只能吃干猫粮，快速解决！

19:30 ● 夜晚的放松一刻：吃完晚餐后，躺在猫家长和子的大腿上接受按摩服务。为了保持高颜值，面部的按摩也少不了。

24:00 ● 就寝：想要躲进被窝时，总会用前脚"咚咚"地拍着棉被，表示"我想从这里钻进被窝"，可爱的模样让猫家长怜爱。（笑）

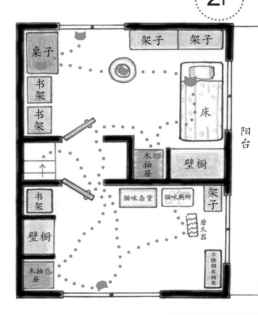

桌子

架子　架子

书架

书架

床

阳台

木抽屉

壁橱

书架

猫咪杂货　猫咪厕所

架子

壁橱

磨爪器

木抽屉

不锈钢收纳架

观察外界的场所
前方有黑猫出现！难道是给我送美味佳肴来了？

喜欢的空间
喜欢这样窄的绝妙空间，从上往下看的视野也喜欢。

今天吃什么呢？

和子你也早睡哦喵～

18:00 　和子回家了！

19:00

19:30~23:30

24:00

1F

小春的
家中 活动范围

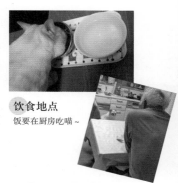

餐具橱柜

桌子

电视

架子

茶室

凉垫

猫粮碗

厨余回收桶 架子

冰箱

猫咪床

洗衣机

浴室

外廊

厕所

×🐱 禁止猫咪进入
的房间

壁橱

鞋柜

爸爸的书房

×🐱 禁止猫咪进入
的房间

×🐱 禁止猫咪进入
的房间

饮食地点
饭要在厨房吃喵～

冬天喜欢的位置
暖炉是项伟大
的发明！

偶尔无意义地
摆弄桌上的花

夏天喜欢的位置
夏天时把家里的侧门换
成纱窗。小春喜欢自然
风吹拂的角落，纳凉板
也派上用场。

喜欢的椅子
在厨房吃完饭，躺
在这把椅子上休息
片刻。

滚来

物品说明

所有玩具
被小春抓一抓
都变得趣味无穷

小春偏爱的
玩具们

猫咪隧道

把它套在身上，就像穿了一件新潮的洋装。虽然与它本身的发明目的无关……

荒川家的小春

（13）

58只猫咪的轻松日常

逗猫棒

虽然算不上什么新颖的原创，但在逗猫棒上简单绑一根绳带，就能让小春兴奋地站起来，高速挥舞猫咪拳，或是反手抓住绳带，又抓又咬。

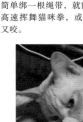

最近的新玩伴娃娃
"菩提之介"

本来不是猫咪玩具，完全是出于猫家长的喜好买回来的。

收到的礼物
狗狗的布偶

看上去很好抱，小春常常搂着它，口水也蹭得玩偶狗狗满脸都是。

这也算玩具？

不，它只是一截木天蓼的树枝。小春喜欢到发狂，只偶尔拿出来让它玩耍。

圣诞袜

圣诞节的时候买了一只装满点心和零食的圣诞袜。把它平放在小春面前，果然上钩。但它在里面无法转身和自由活动，只好倒退着走了出来。从那以后，再也没往里钻过。

含木天蓼的
踢耍玩具

这只大虾玩偶名叫"虾太"，小春用力过猛，把虾钳扯断了……

编织布偶鼠小妹

这个编织布偶的大小刚好，轻轻松松就能使猫咪得到满足。用最灵活的手接招！

喵喵
22 位猫家长
与 **58** 只爱猫的
喵趣日常

其他国家生活的猫咪们

猫咪漫画

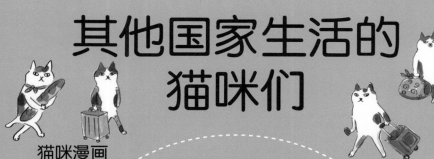

漫画 & 插画：熊仓珠美（Kumakura Tamami）
也是本书 P80 的纽约猫咪们的室友兼猫家长

雪男

小矮

美国
纽约的 猫

太朗

photos & report : Tamami Kumakura

幼猫时期的小矮，辛巴，太朗

小矮　男生

6月出生　17岁　约3.5 kg
黑白灰混色的奇异斑纹猫
出生地：纽约

太朗　男生

6月出生　15岁　约7 kg
标准的黑白正八字脸猫
出生地：纽约

雪男　男生

12月出生　14岁　约10 kg
蓝眼白猫
出生地：布鲁克林

**猫咪眼中的
家族成员**

野人摄影师：收养幼小的辛巴和小矮、
太朗两兄弟，并将它们抚养长大。
画伯姐：把8岁的雪男领养回家的妈
妈一样的存在。

相遇

小矮和太朗：两只猫兄弟来自曼哈顿的某间宠物医院，经朋友之手，辗转被野人摄影师收养。幼猫时期，太朗的体型是小矮的两倍，乍看自然会认为太朗是哥哥。但据猫家长"野人摄影师"称，小矮才是猫哥哥。

雪男：在纽约一个面向日本人的论坛中看到一则诚征猫主的启事，启事中那只天生失聪的8岁猫咪，就是雪男。迄今为止它经历了何种跌宕起伏的"猫生"不得而知，但听说它前前后后已换了4个家庭，前任猫家长说："一开始可能会因为怕生躲在角落不肯出来。"或许是因为气场相合，雪男一来到现在的

家，就立马融入了新环境。见面前还听说它是只"微胖的猫咪"，实际一见，那巨大身躯的存在感，是令人和猫（小矮 & 太朗）都闻风丧胆的。

喜欢

小矮：世界上最喜欢的是猫家长"野人摄影师"。
太朗：鲣鱼干、零食、孤独。
雪男：爱猫粮。喜欢吉祥寺杂货店（musline）的加藤姐姐亲手做给我的秋刀鱼娃娃。

小矮：被"野人摄影师"之外的人抱。
太朗：登门拜访者、被人抱。
雪男：被人踩尾巴、常因为小事就不停大叫。（或许有什么心理阴影？）

讨厌

快给我些好吃的吧～

饿啦饿啦喵

圆桌舞台
买完东西回家后，把采购的食材随手放在圆桌上，两只大猫就自动登台了。

性格·习性

小矮：绰号"观察君"。相比其他同一屋檐下生活的个性鲜明的猫咪们，小矮不算抢眼。但正是在其他猫咪背后的阴影下，它可以当一只为所欲为的观察狂魔。"世上最爱野人摄影师"的心情，让它成了猫家长的跟踪狂。出生的时候，被宠物医师诊断为早产猫咪，先天不足。但长大后，它有着比太朗更坚实的大骨架。小矮坚强、温柔、聪明灵巧，很适合放在肩头。

太朗：体型大，胆子小。幼猫时期，常跟在小矮身后，小心翼翼地踱步。曾悄悄藏在货物之间的空隙中或纸箱里。贪吃鬼。平时闲散，一旦听到小矮被其他猫咪欺负，立刻健步如飞，马一般狂奔上前，给肇事者一记重量级的猫咪拳。

雪男：虽然命运多舛，但仍保持乐观开朗。由于耳朵听不见，自动屏蔽其他猫咪发出的猫信号。被猫家长曾经的室友美加说长得像相扑选手。懂得人类妈妈的手语。对"准备吃饭了吗？"一句反应尤其激烈。看看它，就能体会何谓真正的"纯粹"。

兴趣·特长

小矮：爱观察。对着它说"滚来滚去，滚来滚去"，小矮就会乖乖在地板上滚来滚去。和平主义者小矮，从未抓伤过任何人。喜欢坐在猫家长妈妈的肩上。

太朗：孤独的拳击者。具有必杀技——超重拳绝招，却也是个和平主义者，从不弄伤任何人。会把人带到猫盆前面的"掌舵之猫"。

雪男：即使它还在睡觉，你把猫粮碗稍稍放得离它近一点，它就立马惊醒。喜欢玩绳子，最赞的还是激光笔。好好吃饭，好好睡觉，就是猫咪的目标。

健康状况 家里都是公猫。因此我们格外留意尿道相关的病症。

小插曲

小矮和太朗小时候就喜欢玩猫咪摔跤。通常不对人类给的玩具感兴趣，但秋刀鱼的娃娃却格外受猫咪们的欢迎。秋刀鱼娃娃的作者，熟识上一代猫咪"辛巴"，喜欢手作各种小物。她给小矮和太朗做了秋刀鱼抱枕玩偶，给小辛巴做了迷你版的秋刀鱼娃娃。（做法参照本书第86页）

雪男双耳失聪，无法仅仅通过声音来唤醒心中的欢喜。所以它比较喜欢类似用眼睛追寻痕迹的那种简单游戏。小矮和太朗偶尔听到窗外鸽子的声音，会欣喜若狂地跑去看。一旁的雪男因为听不见声音，坐在那里一动不动。声音对于它来说，是另一个世界。

曼哈顿的纽约帝国大厦
photo by 小野吉

黄色出租车是纽约代表性的城市风景 photo by 小野吉

狗来啦!
有狗经过啦喵!

厨房的窗边

雪男耳朵听不见,而它通过眼睛获取的信息量超乎寻常。常常通过窗户观察散步的狗和行人。

从窗户看出去的景色。
这天很多摩托车经过

雪男望见的狗狗散步的场景

离家徒步3分钟的宠物用品商店,橱窗里睡着一只真猫,不是展卖品,而是这间店的管家,黑白猫"阿诺德"

记忆里的辛巴

享年 8 岁　男生　纽约出生

先住进来的辛巴比小矮和太朗兄弟年长一岁。领养小矮和太朗,也是觉得给辛巴找到了适合的玩伴。没想到天生独具王者气质的辛巴,竟对这两只小家伙关爱有加。两兄弟也常常跟在辛巴身后晃悠。辛巴的优点和不足,都成了它们的模仿范本。

宠物商店橱窗全景。
如此杂乱无章也无人指出的纽约街头

家人还没醒就一直睡

偷吃小矮的食物

雪男和小矮的对战时刻

四脚朝天打儿中……

早上好!

8:00　　10:00　　11:00　　14:00

美国纽约的猫

14

58只猫咪的轻松日常

猫咪们的
悠长一天
懒洋洋，暖洋洋

08:00 ●早上太朗会默默等待家人起床。小矮蹭来蹭去发出声响，雪男则直接上前咬住猫家长的手腕和裤子。

10:00 ●小矮食量最小却吃得最精细。通常会把猫粮精心装在小盘子里，堆叠成小山状，方便它下嘴。小矮吃不完的，都交给雪男吃精光。

11:00 ●小矮和雪男之间的打闹通常是半开玩笑式的。但有时打斗升级，雪男会仗着自己力气大死死按住小矮。听见小矮悲鸣的哥哥太朗，出于兄长仁义，以杀敌之势冲向雪男。

14:00 ●四脚朝天是太朗的拿手绝活～有时大大睁圆眼，有时惬意地眯着眼，这家伙到底在想些什么呢？

16:00 ●玩耍、午睡、定点观察，活跃的小矮总在家里跑来跑去。与之相对，太朗不是躲在某个角落，就是在厨房那把喜爱的椅子上睡觉。

16:30 ●家里设计了很多窗户，下午到黄昏的时段，从西边窗户照进充沛的阳光。雪男沐浴着暖暖夕阳，度过晚餐前的悠闲时光。

19:00 ●早上决不会因为肚子饿就去把猫家长叫醒的太朗，到了晚餐时间却会强势表态"我饿了喵!"，催着猫家长喂食。

21:00 ●晚餐过后是反复"玩一玩""睡一睡"的时间，家人通常过了午夜12点还醒着，猫咪们则自顾自地度过夜晚的闲暇时光。呼～Zzz…

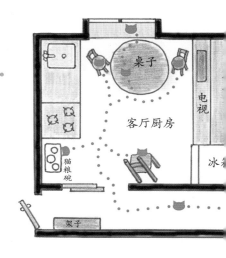

桌子

电视

客厅厨房

冰箱

猫粮碗

架子

被子里
小矮最喜欢柔软舒服的棉被。

厕所
雪男坐在猫家长用的马桶盖上，眼望着猫咪厕所。

沙发床
雪男在沙发床上踩啊踩。

午睡一下~四处观望一下~再睡一下~

享受惬意的日光浴

16:00　　**16:30**

我太朗也是有主见的！开饭！开饭！

虽然打打闹闹，但还是亲如手足

即将迎新的一

19:00　　**21:00**

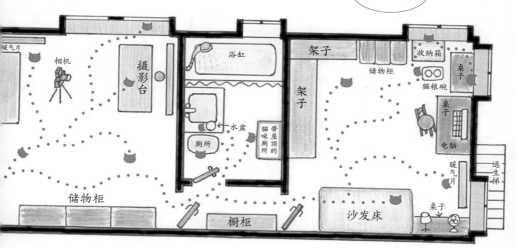

猫咪们的

家中 活动范围

猫粮与水
猫粮会放在厨房灶台边的小茶几上。厨房椅子和桌子上也会放适当的猫粮。

小矮的吃相
大爱天然营养的鸡肝罐头。

乱乱的桌面和箱子里
太朗喜欢待在稍微凌乱的地方。

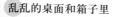

喂！那是我的位置！

高处
辛巴过世后，小矮成了家里唯一喜欢跑到高处的猫咪。

🐾 85

物品说明

从玩具到小茶几，再到豪华单间猫咪厕所……介绍我家的猫咪道具

猫咪们超爱的
手作物品

加藤姐姐做的秋刀鱼娃娃

缝入干燥猫薄荷的鱼形布偶，分别绣上了每只猫咪的名字。明明每只猫都有自己的专属鱼形娃娃，它们却偏偏都爱秋刀鱼，不时上演"秋刀鱼争夺战"。

毛线编织的绳子和蝴蝶结

用钩针编织的小玩意儿。

野人摄影师手作小茶几

锯下一块圆形实木，装上桌腿，将猫粮碗和水盆固定在合适的高度。

盖子可打开，方便清洗

开窗式设计

大个头的雪男也可以顺利进入

把原本用来装衣物的收纳箱改造成了猫咪厕所

自创猫咪厕所

找来较大、较深的衣物用收纳箱（含盖），在一侧挖开作为入口，做成了原创猫咪厕所。

鼠仔娃娃

在 Petco（大型宠物用品店）买来的玩偶。外形逼真得有点吓人，摇一摇会发出"吱吱"的鼠叫声。

激光笔玩具

专为失聪的雪男而准备。不发出声音也吸引猫咪的激光笔玩具。（从 Petco 淘到）

左栏竖排：美国纽约的猫 ⑭ 58只猫咪的轻松日常

熊仓珠美

创作猫咪题材的漫画、画作，制作猫咪玩具。在资深猫咪杂志《猫咪手帐》8 年连载漫画，直到刊物停刊。后出版书籍《猫又指南》（NEKO PUBLISHING*）和漫画《太鼓达人》。插画旅行游记登载于各类杂志、书籍中。制作猫咪活动的猫咪布偶和猫咪纪念品等。在各地举办小型个展。

* 译者注：NEKO PUBLISHING 是 1976 年成立的日本出版社。主要出版汽车、铁道、户外、旅行等生活类杂志和书籍。

终极猫咪漫画

信息

猫书专卖店·神保町猫咪堂（姊川书店内）购买《猫又指南》，可获赠作者熊仓珠美的原创猫咪书皮。同时书店内还有包包等其他猫咪周边可供选购。

猫咪故事

伊斯坦布尔的流浪猫之家

A 贝斯克塔斯地区某超市蔬菜分区的一隅。相当考究的木造双层猫屋，与民居建造用的木材一致。过几天再去看，位置发生了变化，已经诞生了小猫~

紧挨着伊斯坦布尔香格里拉大酒店（贝西克塔斯地区）有两间狗屋。早在酒店建成前，这一带就居住着两只大型犬。听说要修酒店了，还担心它们今后无家可归。看到有人为它们搭建了如此漂亮的狗屋，总算松了一口气。仔细一看，狗屋外面还挂着它俩的名字呢！

尼斯塔塞地区的光芒高中*校门的木造一层楼猫屋。据说出自住在对街公寓的人之手，所以猫屋的门牌上，赫然写着街对面的公寓名。(*译者注：土耳其国父凯末尔批准成立光芒高中，1996年由Feyziye学校基金创办转型成为光芒大学)

B 有流浪猫天堂之称的吉汉吉尔地区的猫屋。豪华版木造两层建筑。原本是为这一带的野猫修的宅邸，因为豪华壮观而声名鹊起，很多人会专门跑来这里弃猫，因此时常可以见到新增的面孔。右图是带圆形洞门的泡沫猫屋。到了冬天，这里似乎比其他猫屋温暖。在顶上压了重物防止猫屋被暴风雨吹走。

C 贝斯克塔斯地区的切什梅小镇。隔壁公寓的大叔建造的猫屋。上面大照片中的猫屋是用压缩木材制作。屋顶用塑料布遮蔽。猫屋建在土地上，为了防止雨天浸湿，大叔给猫屋加上10 cm高的塑料支柱，猫屋里铺满报纸。右侧小照片中的猫屋，为了加强御寒效果，外壁也用塑料包裹起来。

高档住宅狗小屋

脸盆屋

经济实惠、省时高效的创意很有土耳其人的风范。将两个塑料脸盆对扣，凿开一个洞作为出入口。

夏天太热，猫屋变成空巢　**泡沫猫屋**

剪开的断面用胶带绑住，以免刮伤

饮水 & 进食的场所

容量5 L的大塑料瓶剪成一半，底座用作水盆。

伫立着一排欧洲风格的独特建筑群的 Akaretler 区

土耳其伊斯坦布尔的
猫咪们

photos&report:Tomoko Kudo

耶尼清真寺

坡道多，房子的入口修在间层

玛丽育儿记

玛丽　女生
4 月出生　15 岁　约 7 kg
茶色虎斑猫　出生地：奥斯曼备街区

娜娜　女生
7 月出生　15 岁　约 7 kg
虎斑猫混白猫　出生地：贝斯克塔斯地区

小雪　女生
7 月出生　15 岁　约 6 kg
虎斑猫混白猫　出生地：贝斯克塔斯地区

弗丝图库 * 女生
名字是土耳其语中豆子类的总称
3 月出生　10 岁　约 7 kg
三毛猫　出生地：萨勒耶尔地区

乔拉普尔 * 男生
名字在土耳其语里的意思是"穿了袜子"
3 月出生　10 岁　约 6 kg
虎斑猫　出生地：萨勒耶尔地区

斯里皮　男生
5 月出生　8 岁　约 6 kg
虎斑猫混白猫　出生地：贝斯克塔斯地区

米菲　女生
5 月出生　9 岁　约 11 kg
虎斑猫混白猫　出生地：贝斯克塔斯地区

托森　男生
名字为土耳其语"公牛"
9 月出生　10 岁　约 8 kg
虎斑猫混白猫　出生地：雷文特
这 8 只猫咪的现居地：贝斯克塔斯地区

猫咪眼中的
家族成员

智子：大家的妈妈。在家的时候常常用毛线编织猫咪或小熊。想跟妈妈多一点时间一起玩，但她总是很忙。偶尔身上还会沾有其他猫的气味。

* 弗丝图库：在土耳其语里也有年轻女子的意思。乔拉普尔：土耳其语中也有健康有为的男士的意思。

健康状况

玛丽：11 岁半时患上了甲状腺机能亢进症，每日服药。坚持到 2016 年已经 15 岁了！

斯里皮：1 岁时患上了癫痫。吃药会导致食欲丧失，发作频率增加时才让它吃药。癫痫发作时会散发不同的气味，因此被同伴孤立。

相遇

猫家长爱上猫的开端是和玛丽的相遇。那时刚出生 2 个月的玛丽在工地现场旁被猫家长发现，并带回家照顾。发情期的时候带它去远一点的公园散心时走失，通过猫家长不懈的努力，到处问人寻求目击情报，终于在两周后奇迹般地再会。回家后玛丽产下了娜娜 & 小雪等 4 只小猫。
弗丝图库和乔拉普尔是之前送去朋友家的猫咪产下的幼猫，雨天时领回家。本来只是在朋友搬家期间帮忙照顾，没想到后来就这样一直留了下来。之后斯里皮和米菲诞生。
托森则是原本放养在朋友家院子的猫咪，也是乔拉普尔的爸爸。罹患肾癌，在家里疗养一年了。

玛丽

博斯普鲁斯海峡，遥望托普卡帕皇宫

周六市集

托森

小雪

贝斯克塔斯的港口，去往于斯屈达尔

米菲

斯里皮

乔拉普尔

娜娜

弗丝图库

猫咪们眼中的景色/下雪天

下雪了喵！
下雪了喵！

为了家里的
猫咪们
改造了沙发

深得猫咪喜爱的
沙发改造创意

原创改造
猫咪沙发（3 只猫咪用）

我们家养多只猫咪已经持续很长时间了，小家伙们为了在空间不大的家中争喜欢的位置，常常打架混战。猫咪们似乎都喜欢把下巴架在扶手上睡觉，因此沙发的左右两端成了竞争最激烈的领地。猫家长灵机一动，如果中间有扶手隔开，就能避免这样的猫咪大战，于是猫咪沙发诞生了。中间加了两道垫子扶手，隔成 3 只猫咪用的沙发。一开始没有将头脑中的设计一五一十画下来考究，这造成了之后缝补的重难关，让整个工程相当烦恼。大概缝好隔板棉套之后，准备往里面塞海绵时才发现，缝制的棉套根本无法保持理想的形状。只好又做了海绵专用的内袋，才顺利放进了棉套。而且为了不让海绵跑偏，还在内侧粗略地将内胆和棉套缝稳固定。后来想想，早知道就分别制作靠背、坐垫面、扶手、隔垫，再用胶带粘在一起，说不定更高效。

参考尺寸
※ 单位为 cm

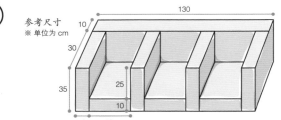

材料
猫咪掉的毛（搓圆后制成毛毡球放在一边），毛线

毛毡球

掉的猫毛

DIY 毛毡玩具
到了猫咪脱毛时节家里总会掉很多猫毛。有一次用手把猫毛搓成球，拿给猫咪闻，没想到它们兴致盎然。但如果长期这样，它们一定会把毛球吞下去的。因此用毛线织了毛球套，让它们尽情玩耍！只不过时间一长，毛球会有味道，猫咪们也逐渐失去兴趣。

制作方法
用"长针＋锁针"重复钩针 5 ~ 6 次。按照毛球的具体形状斟酌针数编织。最后在毛球顶端加上毛线吊须。DIY 毛毡球玩具完成！

海鸥的来信

四周环海的伊斯坦布尔，总会有大小不一的海鸥羽毛从天而降。所以决定因地制宜，用这些海鸥捎来的"赠礼"做DIY玩具。关键步骤是在圆形底座（可用洗涤剂的瓶盖）中塞入黏土等干燥后会变重且厚实的材料。这样才能保证毽子平衡不倒。独自也可以玩得很尽兴哦！

材料

A：羽毛，海绵，强力胶水
B：羽毛，圆形底座的小容器或瓶盖，黏土（推荐使用干燥后变硬，并有一定重量的材料）

制作方式

A：在剪成圆形的海绵中心，插上5～6根羽毛，从背面注入强力胶水，充分干燥。
B：在瓶盖中塞入黏土，中心插上羽毛，充分干燥。

性格·习性

玛丽：性格温和，体察人心，绝对算是家中女王。
娜娜：和其他的猫咪节奏有些不合拍。爱撒娇，神经质，也易怒。
小雪：不怕生，在客人面前会撒娇。对着人面部正面直线靠近，让人忍不住警告它："脸太近啦！"
弗丝图库：开朗活泼，小冒失鬼。
乔拉普尔：去势手术前总是追在女生后面跑，现在已经完全依顺于猫家长了。
米菲：吃饭神速。
托森：对女生很温柔，即使被捉弄也不发火。性格温和的小男生。

兴趣·特长

玛丽：擅长早起。揉鼻子▶猫家长用手遮住它的鼻子，用前爪挥开抵抗▶使尽全身力气，让趴着睡的脸努力抬起。朝它扔发圈或香肠，它会捡回来，并乞求你再扔一次。
乔拉普尔：用可怜巴巴的圆眼睛看着猫家长，猫家长受不了它央求的小眼神，不得不答应它的任何要求。

喜欢 & 讨厌

玛丽：最爱土耳其珍贵的海苔和鲣鱼干。不管再怎么小心翼翼地打开食品罐，一回头总会对上玛丽闪闪发光的眼睛。
娜娜：希望让猫家长端出装有猫粮的盘子喂自己吃。常常吃了两三口就"嗖"的一声不知奔去了哪里。为此猫家长要重复将猫粮端给它，已然成为娜娜之奴。与之后登场的乔拉普尔是竞争对手。因为位置问题而多次争抢。
小雪：最喜欢跟人（猫家长）靠在一起。猫家长躺着的时候，会坐到她胸前，脸朝着她，呼呼大睡。
弗丝图库：对万事万物都充满好奇，恶作剧少不了它的参与。讨厌被抱抱。
米菲：讨厌被抱抱。曾在猫家长试图抱起它时，狠狠地咬伤猫家长的手。现在喜欢乖巧地蹭蹭尾巴，要求猫家长给自己挠挠痒。这乖乖牌的演技，让猫家长十分不习惯。避孕手术后，发生了巨大的变化，肚肚太大，后肢挠不到头。一看到猫家长拿出宠物梳，就会奋不顾身地冲上前来，要求给它梳毛。

常去的宠物商店里有一排像咖啡机一样的透明塑料机器。在取出口固定好袋子，装好所需计量，可称重购买

挑哪一个好呢？

91

木质长椅
客厅中最炙手可热的人气位置。尤其是长椅两端扶手的绝佳座位，受到猫咪们的激烈角逐，先到先得。猫家长坐下后，总会用眼神逼退争抢的猫咪们。

狭长的房间构造
弗丝图库和乔拉普尔最喜欢在连接客厅和卧室的走道上极速追逐。这场比赛通常在深夜2点举行，猫家长一直很担心影响到邻居。

踏椅
为年迈或肥胖的猫咪准备的椅子，作为登上桌子或长椅的台阶。

猫咪们的
悠长一天
懒洋洋，暖洋洋

猫咪沙发
为了解决长椅争抢的现象而想出的原创设计。中间隔断可以保证各位的私"猫"空间，但夏天似乎没什么人气。

亲亲~

- **8:00** ● 和猫家长一起起床（其实猫咪们早就醒了……）
- **8:10** ● 猫咪们吃早餐（其间猫家长打扫厕所）→吃完饭后各自散去补觉或去猫咪厕所。
- **10:00** ● 猫家长吃早餐。"喂，在我盘子边转来转去的家伙，你们别想打我早餐的主意！被我抓到了！刚刚那只猫爪碰到了我的食物！"
  ● 补觉→吃点干猫粮当零食。
- **14:00** ● 猫家长吃午餐。猫咪："又吃饭噢？有芝士吗？""有哎！快抢盘子！"
  午睡→再吃点干猫粮充饥。
- **17:00 ~ 18:30** ● 催着猫家长准备猫咪晚餐，以"才5点！"的理由被拒绝。→锲而不舍再次催促。→猫家长无奈之下只好为猫咪们准备晚餐。
  （大伙认真吃饭的时候倒是非常安静）
  ● 吃过晚餐小睡一会。猫咪议论："诶？妈妈还在厨房，难道在准备我们的餐后甜点？"
- **20:00** ● 猫家长的晚餐。"有芝士吗？（可惜这次没有中奖）"
- **21:00** ● 猫家长的咖啡时间。"哇~有牛奶！"→开启玩耍模式。（猫家长和小雪饭后打闹儿）
- **24:00** ● 跟猫家长一起入眠。猫咪们陆续睡下，只有弗丝图库还处于夜游的兴奋状态，独自开着运动会。

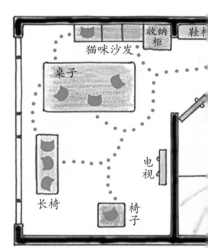

猫咪沙发

收纳柜　鞋柜

桌子

电视

长椅

椅子

我想喝新鲜的水喵！

尝一口~

10:00

8:00

妈妈还没醒，没办法只好跟着睡喵~

9:00

有芝士吗？

开饭啦!

猫咪厕所的位置

两种猫砂(不结团型的水晶砂和结团型猫砂)兼用。据说水晶砂不适用于多猫养育,但结团型猫砂实在太重了,所以还是会使用轻便的水晶砂。通常一只猫咪可以使用一个月,我们家水晶砂的更换频率是半个月换一次。

饮食地点

常备4种干猫粮。为了让猫咪们不弯腰也可以方便吃到,把猫粮碗放在小台子上。最年长的娜娜喜欢的猫粮,装在粉色盘子里,放在较高的台子上。

"浴室"

小雪喜欢待在滚筒洗衣机里。不见踪影的时候,通常是躲在里面睡觉呢!

喝水的地方

塑料水盆被调皮捣蛋的弗丝图库弄翻,一大滩水洒在了地板上。后来就换成了重重的陶瓷水盆(原本是装色拉用的陶瓷碗)。

猫咪们的
家中 活动范围

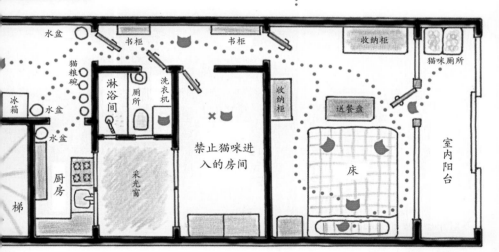

水盆　书柜　书柜　收纳柜

猫咪厕所

猫粮碗　洗衣机　收纳柜

冰箱　水盆　淋浴间　厕所　送餐盘

水盆　禁止猫咪进入的房间　床　室内阳台

厨房　采光窗

梯

15:30

肚子饿了喵～

快来陪我玩啦喵～

22:00

24:00

再跑一次怎么样?

即将迎来新的一天

保护流浪猫的芬达妈妈

photos&report:Tomoko Kudo

伊斯坦布尔的新街道对猫咪友好宽容。流浪猫们的妈妈芬达女士在这里坚持进行了超过 10 年的保护流浪猫行动。

芬达妈妈的一天，从给周围的野猫们做早餐开始。猫咪们已经早早地在公园等待。

9:00

芬达妈妈，什么时候才来啊喵？

芬达妈妈带着在家里准备好的猫咪早餐华丽登场！手作早餐是鸡肉和鸡蛋拌通心粉。她手里的超市塑料袋装有 5 kg 重的猫咪早餐。另外还有干猫粮等。猫咪们都激动地围上前来。

被芬达妈妈领回家抚养的卡拉巴舒和它的朋友卡拉库兹也会一同前来。

公园中有区政府设置的两间猫屋！

但也正因为猫屋太豪华，以至很多人会到这里来弃猫。想着区政府连猫咪的餐食都会提供，猫家长们才能"放心地"把猫咪遗弃在这里。

芬达妈妈把准备好的猫粮碗排开，依次放上猫粮。

9:30

耶~喵~

谢谢你今天也为我们送饭喵~

芬达妈妈会将独自出笼闯荡还很危险的幼猫，召集到同一个猫笼中进行保护。

肚肚饿了喵~

卡拉巴舒和卡拉库兹在一旁静静陪着芬达妈妈照顾流浪猫们。刚开始两只小家伙还会调皮地跟流浪猫们追逐打闹，后来渐渐察觉芬达妈妈不喜欢调皮捣蛋、争强好胜的猫咪，它俩便听话地默默在一旁守候。

喝药啰

芬达在这里照顾流浪猫已经超过10年了。一发现有猫咪受伤或生病，就会带它们去宠物医院接受治疗。尽量让所有猫咪都接受避孕去势手术（所有费用都是自掏腰包！）。发现了感冒或患眼疾的猫咪，则会捉住它们喂药，或滴眼药。这天，第一只虎斑猫非常乖顺地喝下了药。

第二只小黑猫异常顽固，说什么都不肯喝药。试了3次它都吐出来，然后四处逃窜。芬达妈妈四处寻找，最后无功而返。嘴里念叨着"乖乖吃一个星期就可以痊愈的呀……"

公园的工作告一段落后，卡拉巴舒和卡拉库兹又陪着芬达妈妈在周围巡视，顺道去给谢克尔送饭。谢克尔是被公园背后公寓的某位居民遗弃的狗，它现在的狗屋还是芬达妈妈专程拜托木匠特别定制的。干净大方，舒适宜居。

讨厌吃药喵！！

10:30

我开动了汪！

在这之后又经过了几个固定点，给猫咪们派放鸡肉和通心粉。回到家后，完成上午工作的最后一项——给卡拉巴舒和卡拉库兹喂食。进食时，卡拉巴舒喜欢在自己的宠物屋内吃，而卡拉库兹则喜欢在公寓大门前进食。傍晚去反方向的公园，在坡底的商店街转一圈，再以同样的流程喂食流浪动物们。不愧是流浪猫·流浪狗们的英雄妈妈，芬达妈妈。

伊斯坦布尔的流浪猫们的猫屋调查报告

2016年冬天的新屋系列（Cihangir）*

2016年冬天的新屋系列（Ahmet Nedim）*

宠物店前的猫屋（红色时区政府发的）（Tashkonak）*

家鸭和流浪猫共存的Valide Cheshmeh*（家鸭伺机中……）

*译者注：以上罗马字单词均为地区土耳其地区名。

克罗地亚萨格勒布千花家的 3只小猫

photos&report:Chika Okuwa

弟弟阿银

丹丹姐

空士哥

空士 哥哥

5月出生　8岁　相当重
缅因猫的杂交品种

出生地：耶路撒冷的老街

有爱心，贪玩，爱聊天，忌妒心有些重。有时变身月夜之狼，对着满月"喵呜"叫（平常是狮子）。有时会偷偷躲起来，突然跳出来吓唬人，再转头走掉，满脸"就是吓唬你怎么样"的桀傲不恭。

丹丹 姐姐

5月出生　8岁　相当重
缅因猫的杂交品种

出生地：耶路撒冷的老街

娴静的公主气质。呼唤它名字时，会像小狗般狂奔过来。睡午觉时把自己埋在被窝里，异常安静。有好几次还以为它从阳台上掉下去了，还出去寻找……

阿银 弟弟

大概4岁　小个子
黑猫

出生地：克罗地亚萨格勒布

行动前会先仔细观察哥哥姐姐的动态，标准小个子性格。怕生。兴趣爱好是独自玩耍，找空士哥哥单挑，以及招惹丹丹姐姐。

现居地：克罗地亚萨格勒布

猫咪眼中的
家族成员

千花：空士＋阿银眼中"照顾我们的人"，丹丹眼中的"阿嬷"。

相遇

空士＆丹丹：那时我正想着，如果可以养猫，同时养两只好过单独一只。盛夏某天经过耶路撒冷哭墙的时候，忽然看到巷子里有一只被丢弃的小猫，如天使般开心地玩着枯叶。在它身后，还有一只如孱弱小鸟般蜷缩着发抖的小猫……一只忘忧如天使，一只胆怯如小鸭，那一瞬间我看到了命运。

阿银：与阿银的相遇是在猫家长的萨格勒布公寓。凌晨3点，听到院子里（公共区域）传来小猫仔凄哀的求助"喵喵"声，似乎是与妈妈走散了。打着手电筒出去找到它并放走。没想到第二天，不曾谋面的某位邻居，把装着猫的纸箱送来，说："这是你们家的猫咪吧。"箱子里正是猫家长昨晚偶然救下的阿银。一切也算是有缘，于是决定收留它。

嗯，
起床了~

早上好！

喝水！
就要现在喝！！

阿嬷！！
到饭点了！
快来陪我吃饭！

真香！

6:00

10:00

12:30

14:00

昭将迎来新的一天

猫咪们的

悠长一天

懒洋洋，
暖洋洋

6:00 ● 空士起床。每天早上温柔地唤醒猫家长，轻拍千花妈妈的脸庞："起床了哦~"。

10:00 ● 意识到千花要出门了，上前来要水喝。再不走又要迟到了……

12:30 ● 丹丹不喜欢独自吃饭。不管千花是否在工作，它都会跑来催促开饭，喵喵叫到猫家长起身为止。并且吃饭时一定要猫家长守在一旁，边吃还边不停抬头确认。唉……丹丹怎么变得如此恃宠生骄……

14:00 ● 花很美味诶！含羞草和玫瑰最赞！

15:00 ● 待在厨房的阳台上打盹儿。天气好的时候常在这里度过悠闲午后。

18:00 ● 观察傍晚的街道。初夏的风沁人心脾。

20:00 ● 夜间运动会。在公寓里跑来跑去，把超市的食品袋套在头上，进行蒙眼往前走的拓展训练。摇摇晃晃……扑通，晃晃摇摇，咣当！

24:00 ● 晚安哦~

15:00

难以平静

今天也尽情玩，
尽情睡，尽情吃了一整天耶！

哇！！
好刺激……

ZZZ…

24:00

17:00

回忆篇

丛林探险！阿银在萨格勒布的第一间公寓，有杂草丛生的庭院。建筑外墙翻新施工时搭的铁架，让它第一次鼓起勇气踏出第一步。沿着铁架一路往上，无法回头。如同奔驰在非洲的大草原上一般无拘无束，树荫处乘凉，爬到树上惹麻雀。回家上完厕所，又马不停蹄地跑出去玩。每天跟个孩子一样，整天在外面疯玩，到了黄昏才拖着疲惫的身躯回来，体力消耗殆尽。持续两周的短暂探险时光，给了阿银一段美好的回忆。

健康状况

空士罹患尿道结石，我们有时会把猫粮换成生肉，并在走廊地各房间增设饮水处。受它的影响，丹丹也开始养成多喝水的习惯。为了统计它们上洗手间的次数，家里开设了两个厕所。

历代的猫咪们

初小碧苔：第一只养的玳瑁猫，当时为了出国，放手托付给别人。那时还太年轻，现在心中也一直惦记着它。

蒙蒙：在人称猫咪天堂的耶路撒冷居住。它会等在我常走的路上，追上来，似乎在哀求"不要丢下我喵~"

猫咪老师（塔塔）：塔塔是千花搬入耶路撒冷公寓时，前任房主留下的"遗忘物"。塔塔被一只纯白的美猫取代，整天"以泪洗面"，情绪非常低落，于是将它迎进屋里帮它疗愈。搬家的时候还偷偷跑回原来的家，依依不舍。但新家的邻居们都很喜欢它，塔塔也来劲，站起来逗邻居们开心一刻。

喜欢

空士：听人唱歌、咬毛衣或围巾等毛料织品。

丹丹：抬头凝望天上掉下来的叶子或雪花、小提琴声。爱吃红色玫瑰和含羞草的花。两只猫一起吃得津津有味。最爱被放在行李箱或推车等有轮子的东西上，在家里被推来推去。

阿银：最爱蛋黄酱。

讨厌

空士：最不喜欢宠物医师，常常暴躁挣扎。

丹丹：不喜欢人的喷嚏。用独特的方式喵喵叫着抗议。不喜欢独自进食，一定要有人在一旁守候着才肯吃。

阿银：似乎没有厌恶之事。

阳台花盆

虽然也很喜欢卧室一侧的阳台上猫家长手作的吊床，但这个花盆的大小刚好够两只猫一起午睡，实在惬意。

猫咪阳台

光照好的帅气午睡场地。突出阳台的设计，构造与猫咪通道类似。猫咪们总是抱着空中漫步的心情享受午后的阳光，一切等待都值得！

猫咪们的
家中 活动范围

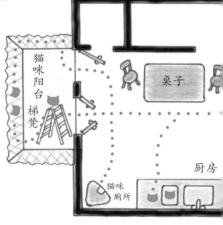

猫咪阳台

梯凳

桌子

猫咪厕所

厨房

厨房

除了连接在厨房外的猫咪阳台，还有好几件猫咪们钟爱的厨房乐事！首先猫咪们冲向门口房檐的短距离赛程，起点就在厨房。它们还爱在厨房开水龙头喝水，偷吃含羞草等。连便便都最喜欢在厨房的猫咪厕所解决（哭笑不得）。

饮食地点

猫家长把猫咪的进食地点设在视线范围内最明显的位置：常年开着门的客厅入口处。逐渐还放置了猫草自助餐区。

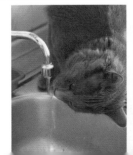

猫咪专用通道

第二波装修时终于实现了修猫咪通道的期望！但房子是拥有百年历史的木造结构，墙壁不算坚硬，很多地方敲一敲还会听到空洞的回声。即便当时拜托了熟悉的木匠师傅，但也未得到完全的理解和反馈。一起将工程付诸实践时，木匠师傅所做的箱子部分，无法承重，这条猫咪通道也几乎成了阿银的 VIP 专用。

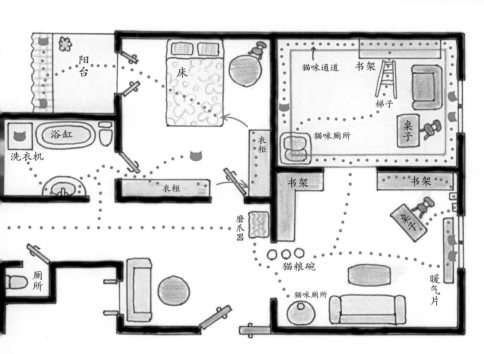

- 阳台
- 床
- 浴缸
- 洗衣机
- 衣柜
- 衣柜
- 磨爪器
- 厕所
- 猫粮碗
- 猫咪厕所
- 猫咪通道
- 书架
- 梯子
- 猫咪厕所
- 桌子
- 书架
- 书架
- 暖气片

浴缸泳池

在浴缸里接上浅浅一小池温凉的水，秒变猫咪泳池。完全不怕打湿！对于排水口的旋涡也充满好奇。

超市的购物袋

喜欢类似纸袋或能发出"沙沙"响声的东西。喜欢把客厅弄得一团糟，肆意地在球池中玩耍。还喜欢跳水、足球等剧烈运动。

箱子

用从隔壁澳洲杂货店那里捡回来的纸，糊了一个纸箱，深受猫咪喜爱。箱子大小刚好可以收容一只猫。它看上去很祥和安静。

历经艰辛终于完工的
猫咪阳台

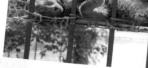

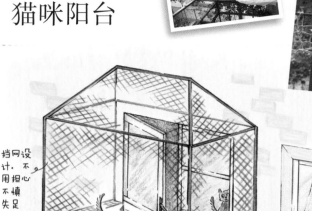

挡网设计，不用担心不慎失足

阳台的猫咪通道

卧室阳台的吊床

阳台翻修的时候，猫咪们不能踏出家门半步，精神压力大到几乎快得脱毛症。于是猫家长从百元（日元）店买回编织网和麻绳，DIY了一个吊床。风格是空士喜欢的休闲派。

猫咪阳台改造：一项不可能完成的任务

面向中庭日照充沛的绝佳阳台，但有一天丹丹竟不慎摔了下去……于是决定在周围安装挡网，还找来了朋友推荐（在克罗地亚，口碑非常重要）的专业人士。大叔一开始轻松打包票说："一周就可以修好！"但回去后就杳无音信。终于有一天，大叔带着一套支架出现，却因尺寸不合无法安装。没想到他竟以"这尺寸我们家都可以装得上！"的理由，大骂一通，生气离开，又杳无音信了。从中也可以窥出克罗地亚人的性格。最后花了一个多月的时间，总算完工！

从室内往外看……

谢谢你辛苦了，大叔

木踏梯

用金属材料将踏梯的双腿稳住。在梯子闭合处和台阶上用麻绳固定。竹篮盖子的风格，类似吊床，摇摇晃晃，猫咪们都很喜欢。

喵喵

22位猫家长

与58只

爱猫的喵趣日常

群居生活的
猫咪们

猫咪漫画

❶ 我踢~

冲啊~~~——

大型运动会

❸

猫家长
出现

哇~看起来好有趣~让我也加入你们吧！

❹

这孤独无助的感受难以名状……

没有一只猫咪愿意跟我玩！

默默走开

默默走开

笑~

漫画＆插画：熊仓珠美（Kumakura Tamami）
也是本书 P80 的纽约猫咪们的室友兼猫家长

猫咪们，
全体集合！

我是
羊羹

吉松家的

爱猫们

photos&report:Fumio&Nao Yoshimastu

羊羹　男生

6月出生　14岁　4.5 kg
8分白双色猫
和平主义者（换句话讲就是胆小鬼），
给强者让座，让道。不折不扣的贪
吃鬼。

狮爷爷　男生

20岁　3.8 kg　虎斑猫
家中最年长的猫咪，却有壮年的吃相
和行动力，好奇心不减当年。这或许
也是它长寿的秘密。

牛奶　女生

15岁　4.2 kg　三毛猫
与生俱来的母性光环，让这只未曾出嫁
的猫咪先后抚养了多只幼猫，温柔慈
悲。受到惊吓会小便失禁的胆小猫咪。

可可　女生

9月出生　15岁　4.8 kg　虎斑猫
酷酷的个性，不常与人亲近。唯独黏
家里的爷爷，时常会蹭着撒娇，跟爷
爷表示"带我出门散散步吧～"

煎饼　男生

5月出生　6岁　5.2 kg
双色猫长毛杂种
浑身上下散发着"不经过我的允许，
不准碰我！"的暴君气息。但其实是最
爱撒娇的那只。

蜂蜜蛋糕　女生

5月出生　4岁　3.8 kg　三毛猫
家里最懦弱的一只。常被初来乍到的
岸田今日子追着欺负。最喜欢趴在爸
爸的肩上。吃饭速度最快。

羊栖菜　女生

6月出生　4岁　5 kg　玳瑁猫
绝不是柔弱撒娇的猫妹，气场之强与岸
田今日子不相上下。俊敏独立，常常独
自玩耍，家人中与煎饼关系最要好。

岸田今日子　女生

8月出生　3岁　4.8 kg　黑白双色猫
对猫不感兴趣，而喜欢人的世界。性
格强势，进食时常拍打煎饼的脸，抢
下其他猫咪的食物独占。最能吃的猫
咪。（现住在高知县）

岸田森　女生

10月出生　3岁　3.8 kg　茶白猫
稍微有些怕生，但见过它的人都被它
的率真可爱所打动。喜欢喝摊在人掌
心的水，常常央求人给它喂水。（现住
在高知县）

蜂蜜蛋糕　可可　狮爷爷　牛奶
羊栖菜　煎饼　岸田今日子　岸田森

猫咪眼中的

家族成员

| 丈夫（爸爸）：温柔体贴，愿意为我们做任何事。 |
| 奈央（妈妈）：个性酷酷的。 |
| 奶奶：向她撒娇，就可以得到喜欢的东西。 |
| 爷爷：没什么存在感。 |

多只喂养生活的**好处**

猫咪和人类一样，即便是同类也性格迥异。同时饲养多只猫咪，可以让没有血缘关系的猫咪找到志同道合的朋友；一起长大的幼猫情同手足；年长的猫咪会自然地维持秩序；一有新来的小猫，母性气息浓烈的大猫就会主动照顾幼猫。多只喂养生活最有趣的地方在于，可以

猫咪界赫赫有名的偶像羊羹一家可是大家庭。从基础问题到养多只猫的秘诀悉数道来。

建造一个"猫咪社会"般的家族体系。热闹的生活永远与寂寞无缘。

多只喂养生活中遇到的**困难**

个别猫咪身体不好需要吃药时，通常把药打碎了混进猫粮，同时会担心其他猫咪误食含药的猫粮。

给想要开始多只喂养生活的朋友
一点建议

猫咪生性贪玩，有了玩伴自然不会觉得寂寞。能养一只猫，就能同时养2只，养3只……对我来说，养9只猫，与养一只没什么两样。（女猫家长奈央经验分享）

基础问题 大家庭的
洗手间问题

2楼的6只猫共用4个猫咪厕所。而1楼的3只猫则共享1个。据观察，猫咪们对厕所的喜好也有所不同，有的猫只去自己喜欢的猫咪厕所，却不会因为与其他猫共享而不高兴。这天刚换完猫砂，扭头看到两个小家伙一起进入猫咪厕所……

🐾 105

猫咪们的
家中 活动范围

狮爷爷　　牛奶　　可可

津津有味

可可的散步
家中最爱散步的猫咪。每天早上起床，邀请猫家长一起去散步！

鞋柜下方
狮爷爷最喜欢的角落。地板瓷砖总是冰冰凉凉的，很舒服。

凉凉的，舒服～

暖暖的耶～！

牛奶的拖鞋
怕冷的牛奶把前爪伸进刚刚脱下的拖鞋中取暖。有时还会把爪爪伸进抽纸盒里取暖。

当作枕头的滚毛毡太舒服了啦～

跟奶奶一起睡午觉
跟奶奶一起悠闲地睡午觉。其他的猫咪则用来暖床。

高处让我安心

冰箱

（户型图区域）

鞋柜
厕所
浴室
杂物间
钢琴
壁橱

奶奶的房间
床

爷爷的房间
床
可可

可可

牛奶

猫咪厕所
餐具架

壁橱
可可

餐具架
可可

猫粮碗

狮爷爷
可可
牛奶
床

牛奶

桌子
牛奶

狮爷爷

冰箱
可可

可可

饮食 & 厕所
隐居三猫组合，共享一间厕所，猫咪厕所旁边是饮食区。

狮爷爷的探险
喵～吃什么呢？给我看看！给我看看！

不管什么东西，给我喂些吃的吧～

2F team

羊羹　　蜂蜜蛋糕　　煎饼　　羊栖菜　　岸田今日子　　岸田森

最近的年轻人哪 ==

平面图标注:

羊栖菜
蜂蜜蛋糕
猫咪厕所　猫塔
电视
电脑
收纳箱　蜂蜜蛋糕
　　猫咪通道　猫塔
　　岸田森　猫咪厕所
　　羊栖菜
　　蜂蜜蛋糕
　　岸田今日子

厕所　羊羹　浴室　洗衣机

猫粮碗　羊羹
杂物间　壁橱
书柜　床
书柜
木柜
木柜

书柜
书
羊栖菜　煎饼
羊栖菜　煎饼

羊羹
书柜
小房间·猫塔
蜂蜜蛋糕
煎饼
岸田森
收纳箱
餐具
磨爪器
冰箱
餐桌
水盆
猫咪隧道　椅子
羊栖菜
阳台　岸田今日子

喜欢发热的 Macbook，好温暖～

公用猫咪厕所

2 楼的猫咪厕所 4 个排成一列，其中一个被岸田森偶尔用作卧铺。

ZZZ…

这个位置最让我安心

进餐时间

我们家的猫没有丝毫"先放着等下吃"的悠闲。稍微松懈，食物就会被其他猫咪夺走，每一餐都是一场战役，吞咽吞咽，不敢懈怠。感谢款待！

喔咻～

木柜

每当打开木柜的抽屉，就会有猫咪蹿进去，搞得叠好的衣服沾满猫毛。

收纳箱

这个收纳箱高 88 cm，煎饼可以奇迹般地一跃而上。明明连 70 cm 的桌子、85 cm 的洗手台都跳不上去。

我可以跳上来哦！

阳台度假胜地

从春天到夏天，开启阳台度假模式。这里蹭来蹭去，那里滚来滚去。

摩擦，摩擦……

滚来 滚去

喔～

107

希望今天猫家长早一点起床~

猫粮！

我也想吃~

7:45

6:00

7:20

面包呢？

猫咪们的
悠长一天

懒洋洋，
暖洋洋

8:15

6:00 ● 6：00 猫咪们起床排队上厕所。等待男猫家长醒来。

7:20 ●男猫家长起床，为猫咪们准备早餐。羊羹的份要分开盛，里面混有治肾病的药。

7:45 ●窥视猫家长们都吃什么早餐，坐在餐桌上不停发出"我要吃，我要吃"的信号。

8:15 ●煎饼在等它的食物。奈央妈妈一吃完，它便喵喵叫起来。

8:30 ●大家分散在四处，开始整理猫毛。

20:00~21:00 ● 2楼的猫粮，以前都是爷爷准备的。但因为爷爷年迈，这项工作只能由男猫家长和奈央妈妈轮流准备。一回到家就是潮水般的"饿了！""猫粮！""猫咪厕所！"不绝于耳。

20:30 ●觊觎猫家长的晚餐。坐在餐桌上伺机而动，趁其不备，立刻抢下。最近观察得知，小猫眯起双眼时，就是它们"隐身"的暗号。

24:00 ●羊羹和煎饼睡在椅子上，羊栖菜睡在电视上。蜂蜜蛋糕睡在猫塔上，"晚安喽~"

8:30

换个马

20:00~21:0

zzz…

看看你晚餐吃什么~好吃吗？

zzz…

24:00

20:30

手工达人家庭的缤纷创意征服猫咪们

吉松家的独创手工作品
集大成的幽默创意

小猫屋
（羊羹的专属猫宅）

大女儿香澄制作的纸箱猫宅。露天设计，房顶使用透明胶带。有时隔着透明房顶放一个锡箔纸揉成的球，羊羹可以在屋内隔着透明房顶顶球玩，趣味无穷。

塑料棒和金属圈制作的篮球框

> 目标是神喵投手！

大女儿香澄潜心制作中。在纸箱的侧面精心编排设计着窗户和手写的注意事项等

纸箱的侧面写着"破坏房顶者必追究责任，赔偿损失"。之所以这样写，是曾有家人不小心把牛奶放在"房顶"上导致透明房顶损坏

> 喵呜～会不会有谁来跟我玩呢?

视野开阔的敞亮猫屋，屋主羊羹今天也是好心情～

> 啊哈哈，好奇怪!

> 什么啊?!我都看不到～

今日子心爱的
定制猫咪通道

涂成白色的云形板，用 L 字形金属装置固定，独家设计款猫咪通道。

```
                天花板
              ┌─────────┐
          吊钩 │         │
    铆钉        │    链条
          ┌──────────────
 墙壁  板厚 12 mm         固定
          └──────────────
    L 字形金属架  六角形螺丝
```

> 在这里待着很安心～

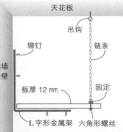

存在的证据是那根萤火虫花纹的猫尾!

猫咪用花瓶

二女儿千草用毛线制作的猫咪花瓶。无法装水，花也是装饰用的人造花。放在猫背上可供观赏。可惜的是背着它的猫咪看不到。

手工达人家庭的缤纷创意征服猫咪们

煎饼的
恢复训练道具

煎饼的游戏场所（煎饼的小屋）

小女儿沫沫为受伤的煎饼量定做的游乐小屋。加上绳子、银纸球，增加窗户等，一步步完善猫屋的设计。

17

58只猫咪的轻松日常

用作恢复训练的毛毡玩偶

沫沫为煎饼手作的毛毡娃娃，帮助它伤后恢复。质地柔软，尺寸适合抓抱。缝上铃铛，激发猫咪的兴趣。

信息

吉松文男・直子夫妇

夫妻俩都是爱猫、爱艺术的人。在博客或脸书等网络社交平台上公布性格独特的猫咪们的日常，得到了日本国内外的广泛关注。现在，夫妇俩一共收养了7只猫，并与父母住在一起。3个女儿分别在高知、别府、高圆寺生活。出版了第六本摄影集《我家的猫咪们（续集）》的文库本版本。每年会在根津画廊 MARUHI 举办"我家的猫咪们"日历周活动。

我家的猫咪们系列

著书：《我家的猫咪们》《我家的猫咪们2》《煎饼之书》《文库本我家的猫咪们》《我家的猫咪们3》《文库本我家的猫咪们（续集）》(Oakla 出版社)，其中多本被翻译成中文版。

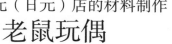

会动的！！

百元（日元）店的材料制作
老鼠玩偶

尾巴会动

旋转的螺旋桨会吊起挂着的木天蓼

二女儿千草原创！拆解组装 3 个百元（日元）店买来的玩具，变成可遥控操作的高科技电动鼠玩具。乐趣无穷！

用遥控器操控随心所欲

眼睛可发光，还可调整为忽亮忽灭的模式

❶将塑料调料包涂色；❷分解遥控车，只留下底盘使用；❸取下发条船的螺旋桨部分；❹将老鼠布偶的毛皮部分剥离备用；❺在老鼠头部粘上螺旋桨和车灯；❻在玩具车底盘尾部捆上绑有小鱼形调味料容器和铃铛的一串绳子；❼将 5 与 6 合体；❽将剥离的鼠皮重新缝合在 7 上；❾在鼻子上加上铃铛，并附上木天蓼。完成！

⑩素材通通来自百元（日元）店哟！！

编辑部实际再现！戴帽子的电动鼠！

羊毛编织的小鼠帽，细致精巧

尾巴的毛线绑成可爱的蝴蝶结

基底是宠物用的老鼠玩偶

用胶水固定

在小鱼形调味容器中装进珠子，并用树脂颜料上色

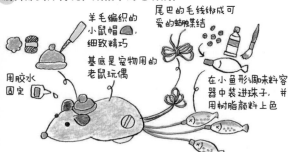

编辑团队原本想再现千草所设计的电动鼠玩具，在百元（日元）店找来了所需要的材料。不想却因为制作工序太难而以失败告终。于是在宠物用的鼠形玩偶上加了一顶帽子和一些小点缀，完成了一只普通的玩具鼠。

老三

小四

一哥

二哥

小田家的
四兄弟

photos&report:
Hikaru Oda

一哥　男生

4月出生　9岁　5.8 kg　黑猫

家里话最多的猫咪，除了睡觉的时候，嘴巴一直不停歇，似乎总是朝着猫家长诉说着什么。拍照的时候张着嘴露出舌头。家里有客人的时候，其他猫咪都躲起来玩消失，只有一哥热情大方地上前迎接客人，讨人喜欢。也是一只食欲不停的猫咪。

二哥　男生

4月出生　9岁　6.3 kg　几乎算黑猫

二哥的性格如果用人类血型来定义，它是 AB 型；用星座来比喻，则属于双鱼座；以动物类比，又像小飞马。从毛发上来说，表面看是黑猫，但猫毛根部竟是雪白的，小田家的二哥从生理上和性格上都是如此独特的个体。早在幼猫时期，其他兄弟都在新家环境匍匐摸索时，敏锐的它已跳上高处环顾四周。

老三　男生

4月出生　9岁　6.4 kg　虎斑猫

四兄弟中身形最魁梧的大猫，具有大老板气魄，同时也是四兄弟中最谨慎多疑的。有一次家人外出将它们托付宠物管家代管，防范心重的老三，过了两年才主动正脸朝向管家。家里最傲气的精灵*。有时甚至连猫家长也不愿正视。它高亢的嗓音有力印证了"大猫声音高"的说法。

小四　男生

4月出生　9岁　7 kg　棕色虎斑猫

熟知自己的可爱之处，爱撒娇的大猫。拥有一对惊世骇俗的圆润猫眼。身为巨猫团团长，活跃于各种脸书平台和巨猫相关书籍中。

＊精灵……此处专指仅出现在放下戒备心的人面前的猫咪。

猫咪眼中的
家族成员

小田英智：猫家长。早上天还没亮就出门，太阳照得我们暖洋洋的时候才回来。进门前会响起钥匙串的叮当声，听到声音我们就跑到家门口去迎他进门。有时会从抽屉里拿出一些闪闪发光、晶莹剔透的石头，放在那里然后去干其他事。我们深知那是很贵重的东西，所以也不敢乱动，最多就是闻一闻、偷瞄几眼。我们敏锐的猫眼可是非常识货的。

兴趣·特长

一哥：好奇心总能战胜恐惧和不安。学习能力一流，对新环境的适应能力在四兄弟中首屈一指。爱探险。喜欢从阳台栏杆探出头，与楼下住的房东对话。

二哥：酷爱动物摄影师岩合光昭的

纪录片节目《猫步走世界》。每天早上5点定时起床尿尿。擅长伸长前肢，摆出"狮身人面像"坐姿。瘫软在地的时候，被抱起来会无力地趴在人肩膀上。特长是"埋脸睡"。

老三：在阳台浇水时，老三最热衷于追逐和观察喷水。

小四：充满冒险精神，对自己喜欢的事会表现出强烈主张，大胆外向。总是第一个跳出阳台。

巨猫的健康管理

巨猫们的体型，是源于它们巨大的骨骼。现在健康状况良好的四兄弟，曾经经历过口腔疾病（一哥和老三），膀胱炎（小四）的病痛折磨。遵照请来看诊的宠物医师和护士的建议，严格控制它们的饮食饮水。四兄弟吃同样的食物，却长成了不同的体型。长大后，按照它们各自的体质和体重，调节猫粮的分量。

 一哥

 二哥

 喜欢

 老三

 小四

最爱猫家长，端坐眯眼，大声喵叫示好。喜欢羽毛类玩具，想方设法让猫家长陪它玩"扔玩具捡回来"的游戏。喜欢用脸蹭猫家长的双手，这也是其他三兄弟喜欢的动作。

喜欢绿叶蔬菜和玫瑰科植物。购物袋中露出的萝卜叶，会一片不留地啃光。猫家长剥白菜的时候总会上前索要，"喵喵"叫个不停。草莓苗更是幸福美味。连干猫粮也总是尝试新的口味。

喜欢赖在猫家长的床上。最喜欢猫家长的脚，啃咬舔蹭，越是撒娇越是露出凶神恶煞的表情滚来滚去。

喜欢箱子、草、冬天的结霜。最喜欢被猫家长的脚轻搓挨揉。喜欢脆脆的干猫粮。烤鱼的时候一定会闻香寻来，淘到一点点鱼就十分心满意足。总喜欢黏着哥哥们。

早上好！

5:00

8:00

10:00

猫咪们的
悠长一天
懒洋洋，暖洋洋

13:00

小田家的四兄弟

18

58只猫咪的轻松日常

5:00　●全家起床。按照猫家长之前的作息时间，不管平日还是周末，不管有没有早餐，都会集体5点起床。

8:00　●天气好就去阳台晒太阳。

10:00　●在人猫同室的温馨卧室虚度时光。

13:00　●有猫眺望窗外，有猫继续小睡，有猫从高处俯瞰，有猫在阳台晒太阳。

16:00~17:00　●猫粮有湿的和干的两种。偶尔猫家长还会为四兄弟加一道菜。这天的加菜就是惊喜的肥美秋刀鱼。四兄弟也不忘查看猫家长带回来的东西中有没有什么隐秘的美味。

18:00　●有螃蟹，有玉米……仔细检查今天收到的包裹。

20:00　●看电视，玩耍打闹，悠闲侧躺。

23:00　●跟猫家长一起熄灯睡下。

秋刀鱼！超好吃！

16:00~17:0

20:00

即将迎来新的一天

23:00

叶子好吃！

18:00

114

厨房

进食 & 饮水的场所。有时候空气中弥漫着料理的诱人香味，猫家长也会分一些给猫咪们。不能去外面玩的时候，打开厨房窗户它们就很满足了。

客厅

围坐在电视前看岩合光昭的《猫步走世界》，场面温馨和谐。这里也是猫家长的工作场所。窗边的猫塔是热门的游玩场所。

猫咪们的
家中 活动范围

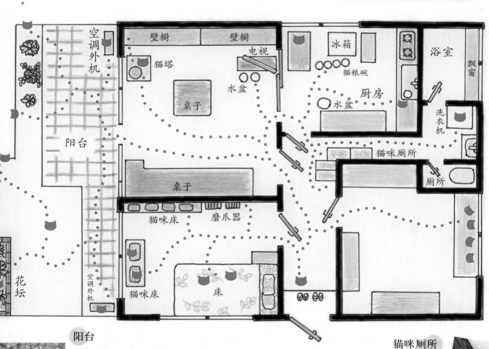

空调外机

壁橱　壁橱

电视

冰箱

浴室

飘窗

猫塔

水盆

猫粮碗

桌子

水盆

厨房

洗衣机

阳台

猫咪厕所

桌子

厕所

猫咪床　磨爪器

花坛

空调外机

猫咪床　床

阳台

猫咪们最爱的宽敞的屋顶阳台。花坛里种着蔬菜、水果和毛草。猫咪们也会帮忙种植。有时它们会从栏杆探出头去跟路过的行人或楼下住的房东打招呼。

猫咪厕所

为了不让如厕成为压力，设置了 4 个猫咪厕所。为了与地板的色调搭配，都统一选了咖啡色。

寝室

猫咪们聚集的主要场所。饰有多种贝壳工艺的架子，铺开被子，筑成了猫咪公寓。睡觉形态多样，有时候它们会挤在一张床上睡，有时候会跟猫家长一起睡。

物品说明

用各种材料轻松制作的猫咪玩具

吸引猫咪的
必杀绳

必杀绳

打包用的塑料绳和编织绳，把两种绳子绑在一起，秒变"必杀绳"。绳如其名，任何猫咪对它都没有抵抗力。轻轻晃动，猫咪们就争相跳起来。塑料绳慢慢分叉变细碎，晃动时仿佛起烟撩雾。编织绳用了猫咪无法识别的红色，混合在一起，塑料绳更显得轻飘如梦，奇幻无穷。

材料
打包用的塑料绳：剪成长约 30 cm，5~6 根；日式甜点包装中使用的棉编绳（最好使用红色系的绳子）

制作方法
摆齐塑料绳对折，在中间打一个结。将棉编绳穿过打结的部分，轻松完成！

用绳子吊猫啦~

迷你靠垫

猫友送来的迷你猫咪靠垫。有三角形的，也有中间凹进去的，形态各异。猫咪们很喜欢，把垫子都聚在一起，扑进靠垫堆，满脸幸福。

商店 & 信息

天然石饰品
英智石头店

我们收藏着，
属于您的石头。

四兄弟的猫家长是经营天然石饰品店的店主。也制作猫咪装饰。出自猫家长之手的所有饰品都是独一无二的绝版设计，"英智家的猫咪石头饰品"绝对值得爱猫的朋友们拥有。

爱生活，爱巨猫

巨猫团 team Big Fat Cats

巨猫团
team Big Fat Cats

第二代团长

由四兄弟的猫家长英智创办的网站"巨猫团"，2014 年迎来了 10 周年纪念，为此发行了巨猫写真集。脸书的"巨猫团"主页，定期更新巨猫们的生活照，得到爱巨猫的猫奴们热烈反响。

小田家的四兄弟

18

58 只猫咪的轻松日常

四兄弟

猫妈妈

猫爸爸

四兄弟与爸爸妈妈一
起生活的幸福时光。
可惜好景不长

猫家长英智与四兄弟的相遇

猫家长还住在独栋公寓时，常来家里探访的虎斑美猫志摩子和脸上总是帅气负伤的霸气虎斑撒比。

琢磨着什么时候带这两只猫去做

TNR*，喂食了一段时间后，志摩子竟有了身孕。一段时间没见，再来的时候肚子已经瘪下去了。"志摩子，你在哪里生下了猫崽？不介意的话，带来看看吧～"

不知道是不是读懂了我的想法，在6月的某个风雨交加的夜晚，志摩子和撒比来回跑了几趟，终于把幼猫们迁移至我早已准备好的纸箱猫屋里。

暴雨中的举家迁移，这下安心啦～

第二天天亮后一看，箱子里挤着4只柔软的小猫。

4只小家伙在爸爸妈妈的照顾下茁壮成长。兄弟间打打闹闹，跟我互动玩耍，有时还会进屋探险。

爸爸！妈妈！你们在哪里啊喵～

突然有一天，志摩子和撒比不再出现，只留下4只小猫。怎么办呢？要收养它们吗？于是我与这四兄弟在同一屋檐下的生活拉开了序幕。

兄弟要相亲相爱喵～

*Trap Neuter Release，简称 TNR。是一种为了减少流浪猫数量的人道主义方法。对流浪猫施以绝育手术，使之无法繁殖。

猫打滚标准
示范动作！

河野家的
猫咪们

photos & report:Ayako Kawano

把球扔给
我喵～

布里　豆子　栗太郎　目目

布里　男生

10月出生　6岁　7 kg
英国短毛猫

豆子　女生

6月出生　8岁　4 kg
虎斑猫

目目　女生

4月出生　4岁　4 kg
长得像缅因猫的三毛猫

栗太郎　男生

4月出生　1岁　4 kg
土耳其安哥拉猫混种
出生地：神奈川县川崎市
现居地：神奈川县川崎市

健康状况

尽量为它们提供愉快玩耍的环境，喂食无添加的猫粮。几年前布里患上膀胱炎，为了保持水分的摄取，那段时间给它准备的都是粥汤类的食物。

猫咪眼中的
家族成员

小武（人类1男性）：喜欢电影和棒球。不去打扰他，他会一直待在电视机前。

绫子（人类2女性）：常常弹奏着走音的尤克里里。

相遇

布里：在爱猫团体登记后被送来。之前的猫家长家里养了很多猫咪，布里长期被关在狭窄的猫笼里。可能是出于对之前的反抗，它现在的睡姿总是四脚朝天，伸展开放。

豆子：附近的荞麦面店的纸箱里住着3只虎斑猫，我们决定要收养其中一只。第一次见面的时候，豆子

瞪大了眼睛一动不动地死死盯着我们。这只最认生的猫咪，看上去很难驯养为家猫。刚开始的几个月，它常躲在床下"嗷嗷"悲鸣，想必是与亲兄弟分别后感到了极度的孤单和不安。

目目：在猫咪饲养会的时候和布里一起遇见的猫咪。爱舔猫家长的脸。目目天生视力不佳，听爱猫团体的人说，它喜欢玩抛球，常常等其他猫咪都玩过之后，独自留下来玩。所以我们决定，无论如何都不让视力影响到它喜欢的抛球。为避免球滚落到架子下面，家具与地板的空隙都有特意封起来。

栗太郎：在猫咪饲养会上遇见。一开始说它是女生，后来才判明其男孩身份。被认为是小女生时期的名字是"泉泉"。

黏在一起看
电视喵~

性格·习性

布里： 爱撒娇又贪吃。4只猫咪的领袖。太过缠着其他猫咪，有时会遭到拒绝。性格温厚。

豆子： 胆小而敏感。对微小的声音和异物的靠近反应十分敏感。瞪大眼睛，随时准备撤退。

目目： 贪玩。怕孤单。喜欢坐在人大腿上。每天早上第一个起床，叫醒大家。

栗太郎： 渴望受人关注，爱玩。吃饭前吵得最厉害，但其实食量很小，让人不禁怀疑它只是想要闹腾，引人注目。天生只有一只眼睛可以看见东西，但好奇心比谁都强，而且运动神经发达，在家里如马一般奔跑，完全表现不出眼睛有残障。

兴趣·特长

布里： 喜欢肚子朝上大晒日光浴。一旦有类似食物的香气，会立马冲上来的小吃货。可爱之处在于，常有一颗牙不经意露出来。

豆子： 最聪明！胆量远不及其他3只，不会长时间待在客厅，却熟知家具的摆放位置和猫塔的有趣之处。抓紧短暂的自由活动时间，如马戏团的明星般在猫塔中灵活愉快地玩耍。晚餐的罐头吃得最快最干净。非常了解自己在镜头前的可爱之处。每次说"要拍了哦~"它都会瞬间做出反应，把自己最可爱的造型摆在摄影师面前。

目目： 最爱抛球游戏。无惧高处。喜欢新鲜事物，新买回来的猫咪玩具，目目总是第一个捡起来试玩的。

栗太郎： 喜欢找其他猫咪玩相扑。

风华正茂，要想武艺长进，全靠积累实战经验。

喜欢

布里： 吃东西、奶黄酱、甜甜圈的奶油部分。

豆子： 有嚼劲的干猫粮、皱皱的毛巾被、毛绒玩具。

目目： 在家中狭窄的场所（电视柜、架子、床下等）游走完后回到猫家长的大腿上，获得片刻的安宁。

栗太郎： 跟其他猫咪玩。

布里： 酸酸的气味（自己闻过之后，五官拧成了一团），大声喵喵叫，并迅雷不及掩耳地走开。

讨厌

豆子： 常常变出各种异样的声音和作品。

目目： 空无一人的场所。

栗太郎： 讨厌吸尘器，讨厌空无一人。

> 喂~还打算睡到什么时候喵!

早上好!

> 暗中观察是生而为猫的本职工作呢!

> 我也来帮忙工作喵~

> 最爱我的吱吱太郎~

5:30　　**6:30**　　**10:00**　　**15:00**

猫咪们的
悠长一天
懒洋洋，暖洋洋

5:30 ● 目目跑到还在睡梦中的猫家长身上,一边如女高音般"喵喵"鸣唱,一边咬咬猫家长的下巴。

6:30 ● 胆小的豆子躲在床头柜下观察大家的动作。

10:00 ● 猫家长在电脑前开始工作,目目就跑到键盘上趴着睡。

15:00 ● 其他3只都去午睡了,只有栗太郎精神百倍地蹦来蹦去。

18:00 ● 开饭啦! 4只猫咪展开了"快点开饭吧"的大合唱。布里甚至跑到桌上摆出自己的招牌动作。

20:00 ● 猫咪们在家中"四马奔腾"的时间。幕后策划是栗太郎。

21:00 ● 跟猫家长一起看电视。布里看到电视屏幕上出现好朋友的身影,就激动地站起来互动,时而跑到电视机背面,手忙脚乱。

24:00 ● 相互舔舔,不知不觉进入梦乡。

午睡的场所
大大的沙发床上,4只小家伙舒展姿势,安稳地午睡。

> 我超忙的喵~

猫塔
目目在猫塔上精心护理自己的指甲。

猫咪厕所
玄关附近放了两个猫咪厕所。栗太郎不刨猫砂,饶有兴致地拍打着猫咪厕所的内墙。

小型猫塔
豆子喜欢的单只猫用的小型猫塔,隐秘的藏身之处。

看电视
喜欢看岩合光昭的《猫步走世界》。

喜欢的位置和姿势
布里喜欢趴在储物架的箱子上休息。

今天的罐头是什么口味啊喵？

猫有猫的玩法哦！

毛发浓密，舔起来很费力呢！

即将

18:00

搞什么啊~

20:00

快来人啊，谁来帮它从这个电视机盒里出来喵~

21:00

24:00

猫咪们的
家中
活动范围

请给我蛋黄酱谢谢！

平面图标注：
- 架子
- 床
- 浴室
- 壁橱
- 猫咪食盆
- 猫咪厕所
- 厨房
- 磨爪器
- 厕所
- 磨爪器
- 壁橱
- 电视
- 桌子
- 电脑桌
- 猫塔（大）
- 猫塔（小）
- 阳台

乞食攻击
布里站在客厅的餐桌上，后脚站立，前脚合掌，请求猫家长准备食物。

懒骨头
可以让人（猫）瞬间变懒的软体家居沙发，内填泡沫颗粒。

电脑桌
目目躺着解说键盘和鼠标的使用方式。

吃饭的位置
3只猫咪在客厅的地板上随意趴着进食。只有讲究的豆子要在包间吃。

个性鲜明的四只猫咪，喜欢的玩具也各不相同

介绍猫咪们
钟爱的玩具

逗猫棒

发出窸窸窣窣声音的逗猫棒。猫家长用高超的玩法，操控逗猫棒的声音和动作，猫咪被撩得停不下来。猫家长动作一停，它们又喵喵吵着要继续玩。

内含铃铛的玩具球

单纯地踢滚追逐的游戏。眼睛不太方便的目目尤其喜欢这种会发出声响的玩具。

吱吱太郎

栗太郎的小弟。经过栗太郎大哥一整天的"斯巴达体能训练"，吱吱太郎已体无完肤。猫家长为它备好了10只预备吱吱军团。

章鱼脚的兔兔

脚是章鱼形状的兔兔玩偶。一根一根地舔兔兔的脚。两个月左右就被玩腻了。

喵呜~

人家是选择恐惧症啦~

今天要玩哪个玩具呢?

闪闪发亮的大球

玩具球发出的声音和光泽让栗泽让栗太郎兴奋地扑上去。不发光的球可无法引起猫咪的半点兴趣。

睡一下哦~

河野家的猫咪们

19

58只猫咪的轻松日常

4 只猫咪完美活用!
攻克猫塔

占领猫咪吊床

登上跳下时
速度是关键喵!

大型猫塔
高达天花板的大
猫塔。只有一个
吊床，竞争激烈。

剌啦剌啦磨爪中

叮铃铃铃瓶
喝完的塑料瓶，放入铃铛，盖好瓶盖。
不停弄倒又扶起来，享受空瓶里铃铛的
声音。

亮晶晶竹编铃铛球
猫铃放入竹编镂空的球里，绑上礼品用
的闪亮蝴蝶结，用磁铁固定在冰箱门
上。轻扯蝴蝶结，就可以摇响铃铛。因
为是用磁铁固定，所以扑下来也很容
易。简易而安全。(注意:请在猫家长
的视线范围内使用)

可爱四喵侠的日记博文更新中
河野家这4只性格独特的猫咪，在
推特(Twitter)和Instagram上持续
更新日常小片段。偶尔还有动画，
您可以见到动态的布里、目目、豆
子、栗太郎。请搜搜看!!

Twitter
QUU
@ayako_kawano

Instagram __quu__

🐱 123

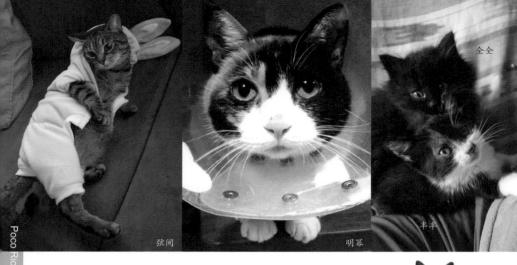

弦间　　　　　　　　　　明幂

全全

半半

Poco Rico 家的

猫咪们

⑳

58只猫咪的轻松日常

photos&report:Mihori Ikeda

你手里
那个味道如何？

全全的夏日短毛造型

猫咪眼中的
家族成员

三堀：驴子，仆人，爸爸，每只猫对他的称谓（使唤方式）不同。
美代子：妈妈。
柚木：驮货马，他乡工作中。

疾风（哥哥）　男生

5月出生　12岁
"体重保密"　八分白虎斑
出生地：加拿大·多伦多的山中
天上地下唯我独尊，我行我素的性格。
爱好是梳理毛发，永远干净整洁！

弦间（弟弟）　男生

5月出生　12岁
"娇小玲珑"（玩笑）　虎斑猫
出生地：加拿大·多伦多的山中
吃饭都看起来很香的治愈系。特长是
假装3天没有进食。

明幂　　女生

5月出生　9岁　"下半身微胖"
三毛猫
出生地：千叶县工业地带
兄弟姐妹中最聪慧娇媚的女生。善用
自己的女生魅力，赢得免费的美味。

全全　男生

8月出生　7岁　"小胖胖"　黑猫
出生地：长野县的高速公路
天然呆。每天都不在状态。有一回想
要去看不见的楼梯，索性躺在了楼梯
下面。

半半　女生

8月出生　7岁　"小胖胖"
黑白猫
出生地：长野县的高速公路
不善社交的小宅女。特技是猫咪拳。

海苔便当　女生

8月出生　3岁　"小个子"　黑白猫
出生地：长野县的苹果园
海苔便当认定"在家里最受欢迎的是
疾风哥哥"，总是暗中观察并潜心模仿
它的一举一动。是家里的小跟踪狂。
大家的现居地：长野县安云野市

相遇

疾风和弦间：爸爸三堀在多伦多的
动物保护协会一眼相中它们。猫笼
中贴了很多类似"小心恶猫""不
能放出来""驯养失败"等字条，
以及用药治疗的记录。
爸爸："第一眼见到就被它俩天使
般的外貌吸引了。"柚木："骨瘦如
柴，眼睛和耳朵显得特别大，目不
转睛地盯着我们，看起来那生物根
本不像猫。"当时爸爸跟柚木在多
伦多合租，把两只猫咪领回家后，
它们都久久不愿从床下出来。过了
很久都不见它们的影子，名副其实

海苔便当

疾风

的"幽灵猫"。

明冪：住千叶县的朋友告诉我们有一只三毛猫可以领养，我们想着可以领回来给疾风和弦间做妹妹，于是立刻决定把它领回家。一开始它怯生生的，猫爪惨白，浑身发抖。但回家的第三天，它赫然发现自己集万千宠爱于一身，于是当上了女王大人。

全全和半半：被人装在箱子里遗弃在长野县的高速公路上，发现的人将它们托付给了美代子的母亲。据说被发现后，带着两人往山里走的时候，全全跑向了保护者，并抱住他的脚。半半则试图自力逃跑，不料卡在了阴沟里，被救起。

海苔便当：如横冲马路之势闯进了爸爸的工作室。被捕获并收养。在家中也不安分，一开始持续了很长一段时间的攻守过招。

回忆篇

疾风：从多伦多坐飞机回日本的时候，担心长途跋涉给猫咪造成负担，因此在当地动物医院喂它喝了安眠药（马用）。没想到它拒绝睡觉的意志如此之强烈，翻着白眼回到日本接受了日本检疫。被宠物医师评价道："真是顽固的小男孩。"

弦间：回日本的两天前，因为结石紧急住院。从"终于不用坐飞机啦！""但是长达7个月的检疫又要从头再做一次……"，到10天后顺利出院，最后终于平安返回日本。在日本机场检疫时，医师宣布"好的，它已经是日本的猫咪了！"猫家长感动于弦间历经千辛万苦来到日本，潸然泪下。

明冪：曾因追寻自由离家出走两个月。偶尔回家也最多在车库抢夺野猫乔比的食物，不肯进家门。这样的情况又持续了两周，最终败给了鲣鱼汤的香味，才总算回家。作为自由的代价，永远地失去了它的猫尾巴。

喜欢／讨厌

疾风：最爱自己。讨厌打雷。

弦间：喜欢哥哥。喜欢爸爸，希望他不要总是出差。

明冪：爱布丁！除了疾风弦间兄弟、爸爸、妈妈和柚木，其他的统统不喜欢。

全全：爱着世间万物，最爱的还是妈妈。

半半：喜欢跟踪疾风。讨厌短腿狗。

海苔便当：喜欢模仿疾风。讨厌抱抱。

吃饱了喵~

3:00　　**5:00**　　**8:00**　　**10:00**

·······

快起床了!

和式房间的地板 & 玄关的三和土

远离那些小屁孩，一个人的空间。躺在木地板享受日光浴，三和土的玄关是避暑胜地。

Poco Rico 家的猫咪们

20

58 只猫咪的轻松日常

1F

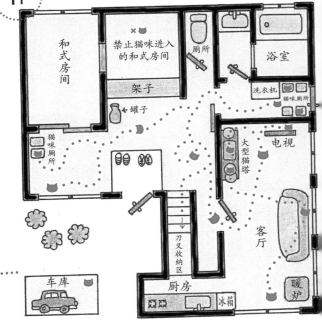

和式房间

禁止猫咪进入的和式房间　×

架子

罐子

猫咪厕所

厕所

浴室

洗衣机

猫咪厕所

大型猫塔

电视

客厅

暖炉

刀叉收纳区

厨房

冰箱

车库

猫咪们的

家中 活动范围

天下食物都是美味! 此乃野猫生存法则

野猫　乔比

乔比在车库里低调而谨慎地过活。乔比是个心地善良的绅士，会照顾一些短暂停留的野猫，还曾把自己的食物和床分享给离家出走中的明蕾。

客厅的暖炉

这个位置可以透过窗户，将北阿尔卑斯山脉的景色尽收眼底，还会引来一些野猫。享受日光浴，或在暖炉前取暖。这个区域自然是没有人类插足的位置……

21:30

17:00

从头干净到
尾巴尖

猫咪们的 悠长一天 懒洋洋，
暖洋洋

睡姿美美的

- 3:00 ●海苔便当妹起床。在家里晨练散步。

- 5:00 ●明幂、全全、半半、海苔便当的早餐时间。吃完后回窝继续睡。

- 8:00 ●疾风和弦间两兄弟起床。戳爸爸鼻子，把他叫醒准备猫咪早餐。

- 10:00 ●猫咪们回到各自的被窝接着大睡，爸爸和妈妈出门工作。

- 17:00 ●妈妈回家，吃第一顿晚餐。

- 21:30 ●爸爸回家，吃第二顿晚餐。然后各自玩耍。（疾风：整理毛发；弦间：平躺休息；明幂：等待竹荚鱼；全全：发呆；半半：回窝；海苔便当：扮可爱。）

- 23:00 ●熄灯睡觉。

23:00

即将迎来
新的一天

2F

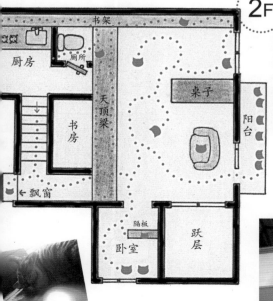

书架

厨房

厕所

书房

天顶梁

桌子

阳台

←飘窗

隔板

卧室

跃层

屋梁・书架上方
靠近天花板的玩耍场所。半半貌似还在上面有自己的巢，不过未经证实。

阳台
阳台是唯一通往外界的场所。猫咪如果攀上阳台栏杆，很容易掉下去。因此放它们出阳台的时候，仅限于猫家长在场的情况。

跃层空间
疾风的舞台。有访客进屋的时候，它会从上面的木门探出头来，举行独特的欢迎仪式。

🐱 127

爸爸为山猫
兄弟设计的

疾风和弦间喜欢的
神秘隧道

明幕的
最爱~

纸箱猫屋
改变隔板的位置，还可以改造成两层的小屋，自在变换的猫屋。

爸爸跟柚木
要不要也来
钻钻看？

传说中的爱之
十字形隧道
并不是因为猫塔太贵买不起哟

还住在多伦多的时候，为了让两兄弟在阳台上自由玩耍，我们去家居城买了保护网。找到写着"抵御麋鹿的袭击""河狸也咬不断的"坚硬的轻便型保护网，正准备去收银台结账，目光突然被经过的一堆名为"BUILDER'S TUBE（木工的管道）"的大型纸质管道吸引。这似乎是地下管道的保护用纸管，留神看了一下，脑海中突然浮现出家里的两兄弟……
其实一直很想买猫塔。但选择那种又贵又重还不能带回日本的猫塔也不实际，四处寻找仍没有合适的。

这个纸质管道，说不定可以给两兄弟的生活带来一些新鲜趣味。而且价格才 800 日元，物美价廉！
搬回家后立刻放在客厅测试……

嘿！兄弟俩！要不要来玩玩看~

但原本就很胆小的两只猫咪，虽然眼神中充满了好奇，可远远看着不敢靠近。难道是因为管道太长的原因……？

那就裁剪短一点！

于是诞生了这个十字隧道！剪切拼接两条纸筒，做成十字形的隧道，并用胶带将空隙部分粘好加固。
从此人气激增！疾风还把它用作追逐嬉戏和午睡（意外吧？）的场所。回到日本后，受欢迎程度依然不减。

兔子窝
在宠物用品商店淘到的兔子或荷兰猪用的宠物窝。我们家的猫咪具有无限可能性。

2.5
m

制作时间约
5 个小时！

全全

玩具篮
用碎布和棉线混编的拉菲草篮。用来收纳猫咪们的玩具，有时也收纳一些其他的杂物。

Poco Rico 家的猫咪们

20

58 只猫咪的轻松日常

疾风的训练道具
编织鼠小弟

终于拥有了心心
念念的猫塔~

猫友为了欢迎疾风来日本，送来的手作礼物。极细～中细的毛线，用 2/0～3/0 号的钩针从鼻尖开始织。尾巴收针之前，塞进剩余的毛线和猫薄荷。在鼠背下方的中心加线用锁针织出尾巴。最后织耳朵，完成！

剪线剩下 20 cm 左右，拉紧缝合

中心

*10～17 排无增减

身体

鼠耳

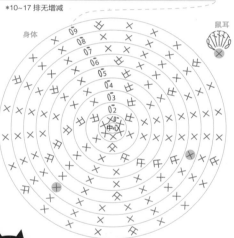

各种玩具

因爸爸工作的关系，家里总有很多猫咪玩具。猫咪们也时常作为模特出镜，明幂和半半示意猫玩具的正确使用方法。此外，小香包和点心包装的蝴蝶结也是十分受家里猫咪欢迎的玩具。

还有项
圈哦~

poco*rico
瑜伽 & 生活杂货 · poco*rico

商店数据

"长久重要的"
小小奢侈

爸爸经营的网络商店，经营对身心有益的高品质生活杂货，旨在让人们回归自然，体验生活的美好。同时也推荐一些安全的猫项圈，进口巧克力等。另外，一同经营的位于长野安云野的 poco*rico 瑜伽教室，让初学者也能体会瑜伽的乐趣！

三三

桃桃

诚诚

久万阿姨
的暖脚套

大宅久万家的

猫咪们

photos&report:Kuma Imamura

橘子

白猫
常见的画面

三三　女生

18岁　约3kg　虎斑猫

小正捡到三三的时候，它已经学会察言观色了。与人类对视后，会飞奔过来撒娇。来了北海道以后不知为何养成了"唯我独尊"的霸道个性。每天到了18:30，就会出去"宇宙通信"（在楼梯拐角处）。

桃桃　女生

17岁　约5kg　布偶猫

清秀爱干净。积攒无形压力后会在猫咪厕所外面便便以示抗议。早上把什么东西弄倒发出"噌"的声音，是桃桃发怒的标志。害羞，通常离人30cm以外，却会在其他猫咪不在旁边的时候撒娇。充分展现女性（猫）魅力，从爷爷那里得到想吃的蟹棒鱼蛋。

诚诚　男生

10岁　约6kg　白猫

表情丰富的小儿子，爱撒娇，胆小。口头禅是"什么喵？"和"呀呜"。总是充当三三的床垫和抱枕角色。桃桃对它的态度有些冷淡。可爱之处在于银杏般的眼睛和圆圆的脸蛋。

猫咪眼中的

家族成员

奶奶：最爱的奶奶。给我们做饭，一起睡觉，给我们温暖的拥抱，为我们剪指甲。

爷爷：会喂我们刺身和秋刀鱼的骨头。为我们清理猫鼻和刷毛。

久万阿姨：偶尔来访。代替奶奶喂我们食物，一起玩耍。

小正和小拓：很少见，偶尔才会见到。

相遇

三三：被人关在自行车的篮子里，被小正家发现（推测遭遗弃的原因是内分泌失调导致乱尿尿）。捡回来的时候瘦骨嶙峋，完全无法想象后来竟会加入"巨猫团"。

桃桃：小正领养的在朋友家出生的小猫，雪白剔透，从小就是个美人。

诚诚：三三和桃桃托付给北海道的爷爷奶奶之后，在东大医院的停车场发现的迷路猫咪。诚诚在家生活了一段时间后，就被送去了北海道。在千岁机场上演了一出置行堀*。

（*译者注：置行堀，日本二十六女鬼之置行堀人形妖怪，在大雾的环境才会出现，和烟烟罗不同，通常以女人面貌出现，伤害生人。此处指诚诚在机场挣扎的样子）

回忆篇

三三: 性格大大咧咧的三三,对厕所却格外挑剔。只要有其他猫咪使用了厕所,会立即告诉猫家长处理。在一旁监工,直到清理干净。猫砂不够的时候,也会即刻提出抗议。

桃桃: 上午爷爷的咖啡时间,桃桃会准时守在冰箱前,等爷爷赏蟹棒鱼蛋吃。久乃阿姨以减盐为借口,禁止猫咪们吃蟹棒鱼蛋,桃桃对此表现出极大的不满。

诚诚: 奶奶学会用手机发邮件后,第一封发出去的邮件内容就是诚诚的照片。后来更是进阶版连连,穿上编织喵服的诚诚照片和视频,频频出现。

名:有点困
内容:粉色

健康状况

三三: 频繁乱尿尿,检查后发现是内分泌失调引起的。避孕手术后症状戛然而止。长成了一只6 kg的巨猫。10岁过后患上了甲状腺机能亢进症,开始服药。用温水泡湿鲣鱼屑,把药包在其中放进它口中,乖乖吞下。坚持吃药让它的病症比较稳定。三三容易患膀胱炎,每次它去厕所我们都十分留意。

桃桃: 身体健康,完全能自我管理。只要是不想吃的东西,哪怕是包在它喜欢的食物里,也会被它发现,拒绝咽下。桃桃的腰不太好,平时需要格外留意它的走路姿势。

诚诚: 掉了一颗牙,另一颗也开始松动。想带它去看牙,但因为之前去世的猫咪曾因为牙膏引起过敏性休克,所以非常犹豫……

喜好

三三: 刷毛、穿着皮鞋的人的脚的气味、鲣鱼干、被爷爷抱着。题外话,三三最讨厌坐船出行,厌恶到在船上无法小便。

桃桃: 最爱蟹棒鱼蛋。草莓屋是我的!

诚诚: 喜欢被夹在奶奶和椅子扶手中间。秋刀鱼的骨头。

131

早上好！

6:00

快开窗

7:00

让开！

8:00

波斯菊开得
正好喵~

靠庭院的窗户边
隔窗看雪，观察来院子里玩的野猫家族，边晒太阳边午睡。

1F

吃饭的地方
暖炉背后（靠厨房一边）。三三生病后，严格控制饮食，不让它在餐桌周围晃悠。但这只"白色鬣狗"的觅食能力实在防不胜防。

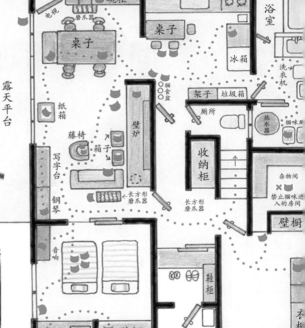

平面图标注：
电视 碗柜 浴室
磨爪器 桌子
桌子 冰箱
露天平台 洗衣机
纸箱 架子 垃圾箱 热水器
猫食盆 猫咪窝
藤椅 壁炉 厕所
箱子 收纳柜
写字台 长方形磨爪器 长方形磨爪器 杂物间
钢琴 禁止猫咪进入的房间
音响 壁橱
鞋柜
壁龛 壁橱 衣柜
玄关牛奶箱

暖炉
冬天的特等席，霸权争夺激烈。获胜的猫咪也不能松懈，其他猫咪会争相挤在一起取暖。还有爷爷贴心的刷毛服务。

厨房
通风好的窗户是夏天午睡的理想位置。偶尔还会有"白色神偷喵"出没。

磨爪器争夺战
新的磨爪器只有两个，姐姐们先用完之后，会轮到小诚诚。

到咖啡时间了喵～

13:00

10:00

18:30~21:30

猫咪们的
家中 活动范围

2F

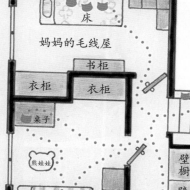

床

妈妈的毛线屋

书柜

衣柜　衣柜

桌子

熊娃娃

床

书柜

壁橱

壁橱

阳台

爸爸的房间

书柜

纸箱

书柜

楼梯舞台

被命名为"宇宙通信"的行为，是指每天巴士末班车的尾灯投射在楼梯上的光，猫咪们每天都会准时来接收通信。

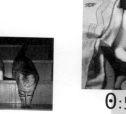

刺身美味喵～

0:50

即将迎来
新的一天

猫咪们的
悠长一天 懒洋洋，暖洋洋

6:00 ● 奶奶起床。猫咪们也陆续醒来（也有例外）。吃早餐。

7:00 ● 诚诚……要求猫家长帮忙打开后院的窗户，查看周围环境，尤其认真查勘后院情况。

8:30 ● 等奶奶吃完早餐，争着坐到奶奶腿上，竞争异常激烈。

10:00 ● 桃桃站在冰箱前提醒爷爷，咖啡时间到了!

13:00 ● 午睡。爷爷奶奶有事出门（爷爷去游泳）的时候猫咪们也坚持午睡。饿了就随便吃一点干猫粮。

18:30 ● 观察奶奶织东西，或做智力竞猜题目。时间到了就去楼梯间等待"宇宙通信"。久万在家的时候，就去2楼房间度过悠闲的夜晚。

21:30 ● 陪爷爷喝小酒。得到金枪鱼刺身或秋刀鱼骨作为零食。暖炉前位置争夺战。

0:50 ● 在奶奶的被窝中互道"晚安～"（从不去爷爷被窝中睡）。

二楼的专属空间

诚诚刚来北海道的时候，为了让三三它们习惯，第二天先把诚诚安排到了久万的房间。从此以后，二楼的这个房间就成了它的根据地。其他人（猫）一旦私闯，必然遭到诚诚的驱赶。

小玉 | 兰兰 | 小黑 | 里奥

久万家的猫咪今昔物语

久万家还在东京生活的时候，在对面田坎里领回了隔壁教授家新生的幼猫，取名为"小玉"。小玉的到来，翻开了我们家猫咪物语的序章。小玉和狼狗里奥一起茁壮成长。后来因为换工作举家搬迁到北海道。小玉1岁时产下了兰兰、阿童木、库拉拉和乌兰4只幼猫。小玉渐渐学会了驱赶麻雀、追小鸡、捉鱼等身为猫咪的必备技能，成了勇敢成熟的猫妈妈，进食的时候还会公平对待幼猫们。里奥为了保护

小玉和幼猫，经常驱赶各路野猫，但唯独有一只，没有舍得赶跑，那就是小黑。小玉也把小黑当作自己的孩子一样照顾抚养长大。里奥去世前把看守任务交给小黑，但小黑却是个难得一见的和平主义者……兰兰走了之后，22岁的小玉也跨过了彩虹去到天的那边。

暖炉

久万家的传统之一，是"暖炉猫优先"。从外面回来，兰兰会蹲在暖炉上恭候，妈妈*总会上前去揉揉它的脸蛋。

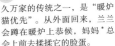

> 欢迎回家~

> 玉米超好吃喵~

大爱玉米

小玉很爱吃玉米，每次刚开始煮，它就闻香冲出来。吃玉米时的野趣洋溢的表情，跟平时的小玉不像同一只猫。

> 终于轮到我了……

磨爪小屋

想进去看看，却没有资格。新来的小黑在小玉出来之后，偶尔会悄悄溜进去磨爪。

庭院和家附近

出入自由的小玉和幼猫们，会在门柱、草坪、藤花架的日荫下打盹，趴在邻居家的房顶上等待开窗。

杂物间

用作杂物间的北侧的和式房间，是夏天的避暑胜地。堆放着家具，各种箱子和杂物，是猫咪们的梦幻游乐场。

2楼和阳台

朝西的2楼毛线房间是冬天午睡的绝佳场所。妈妈晾衣服时会一起到阳台玩耍。空塑料盆是兰兰的特定席位。

*当时奶奶还年轻，这一页写回忆，把奶奶称作"妈妈"

猫咪们钟爱的

玩具 & 喜欢的东西

我的玩具好像是放在这里的……

我也想玩~

藤条

修剪藤枝时剪下的藤条，选几根粗细、长短不一的用来逗松鼠和猫。天然藤条，可以放心咬玩，形状自然，摇起来韵律不规则，猫咪玩不腻。

毛编青蛙

用钩针编织的3块圆形织物，缝合成青蛙玩偶，从后面把手伸进去操控呱呱嘴，激怒猫咪出拳对抗。（笑）

材料
- 毛线（均匀粗细）
- 刺绣线2色
- 钩针，锁针

痛痛痛！

❶ 先织3张圆形的针织物（两张绿色，一张黄色）。
＊其中一张绿色，稍后将用作缝合，留着线不剪断

❷ 将没有剪线的绿色与黄色两张内侧对齐缝合一半（约18针）

❸ 将黄色对折，夹在中间，再把另一张绿色缝在一起

❹ 用绿线织两只青蛙眼睛的基底，再把剩下的线塞进去缝合

❺ 用黑色的刺绣线织两层瞳孔，用白色钩针织一层瞳仁，缝在一起

绿色部分和黄色部分在这个位置剪线

草莓屋

草莓形状的猫屋，简单的造型，明亮的颜色，让房间的氛围变得活泼。原本是桃桃专属的小猫屋，后来也俘获了三三和诚诚的心，常来借住。结实牢固，不管猫咪们怎么踩踏踢蹋，都没有坏掉的名品猫屋。

将中间黄色部分对折，然后将上下两层绿色部分缝在一起

稻荷

海苔卷

藤子

堀田家的

奇异

猫咪家族

photos&report:Takayo Hotta

我是3只猫的妈妈喵~

猫妈妈
茄子

茄子（猫妈妈） 女生

16岁　3kg　虎斑猫
温柔的猫妈妈。虽然对人类没有表现出强烈的警戒心，但也爱憎分明。懂得察言观色而做出行动。

藤子　女生

6月出生　15岁　3.3kg　燕尾服猫
性格强硬，独立却很喜欢黏着猫家长。活泼聪明，喜欢人类。希望人们都只喜欢自己。

海苔卷　长子　男生

6月出生　15岁　4kg　黑猫
性格不紧不慢。从没见过它发怒或撕咬。食欲旺盛，体质容易发胖。一整天都呆呆地度过，无法揣测它的思想。胆小迟钝，长到3岁才突然意识到自己有名字这件事，那之后再呼唤它就常常做出反应了。

稻荷　二儿子　男生

6月出生　15岁　3.3kg　茶白猫
总体上比较安静沉稳，认为自己是家中最强大的猫，肚子一饿就找哥哥发泄。美食家，但肠胃不好，吃了不会长胖。声音沙哑，人类一打喷嚏它会"喵"抗议。

猫咪眼中的
家族成员

猫家长（大猫）：茄子眼中的母猫，藤子和稻荷眼中的情人，海苔卷眼中的巨型猫。

相遇

茄子：有一天后辈抱来一只猫，"你不是说想养猫吗~"留下的就是茄子。当时茄子把猫家长当成了母猫，直接把头往猫家长嘴里蹭，想要吃幼猫婴儿食；"妈妈帮我舔屁屁"，把屁股凑向猫家长的嘴……场面尴尬至极。1岁的时候，离家出走，怀孕产下了藤子、海苔卷、稻荷等5只小猫。其中两只送给了别人家，茄子剩下的3只抚养大，是个负责任的好妈妈。

藤子：出生的时候是所有猫崽中个头最大的。3个月大的时候给它取了名字，只花了一周时间就记住了自己的名字。不喜欢跟其他猫咪共享厕所，自己在壁橱里的猫砂上解决。

海苔卷：出生时个头最小，看起来最虚弱，如今却长成了个头最大的。

稻荷：出生的时候小得跟真的稻荷寿司差不多。

小插曲

茄子：把猫家长从夜猫子改造为早起达人，从深夜酒鬼，改造为一下班就立刻回家的大家长。茄子可能是上帝派来提醒猫家长认真生活的天使。

藤子：2008 年左右因急性胰腺炎住院 10 天，在死神面前打了个照面又回来了。回家之后遭到了其他猫咪的攻击。似乎是化学信号（territory）消失了。从那以后和稻荷的关系恶化。藤子天生是希望猫家长只爱自己的个性，可能比较适合单只喂养的家庭模式。

海苔卷：尾巴天生 3~4 处卷勾着，

猫家长不在家的时候总是钩到玩具，回家常看到它被一堆玩具缠身，垂头丧气地拖着，艰难地往前走，后来实在没办法，带它去宠物医院急诊才顺利取下。随着年龄增加，白发变多，毛发渐渐变得花甲古稀。还有一个推测是被稻荷欺负，导致精神压力太大而导致的。

稻荷：专门欺负弱者，会拿东西扔沉稳的海苔卷，但对主人和茄子又百般温顺。最近茄子妈妈开始不太亲近孩子了，稻荷看上去有些落寞。

给猫咪提供舒适的生活

打开所有房门（橱柜和衣柜除外），以便猫咪们自由出入。高处可以攀爬，让它们的腰腿十分结实。

喜欢

茄子：烤鱼、刺身，牛肉猪肉鸡肉马肉鸭肉等所有肉类。

藤子：橡胶锤子、零食、朝北的房间、玄关、浴室地毯。

海苔卷：把其他猫咪的屁股当枕头睡觉、挖掘猫家长的棉被。

稻荷：茄子（妈妈）、肉类食物、木天蓼的零食。

讨厌

茄子：说话大声的男人、醉汉、聒噪的中年妇女。

藤子：稻荷。

海苔卷：巨大声响、稻荷、寒冷。不是很擅长与客人相处。

稻荷：香蕉的气味、醉汉、剪指甲、抱抱。

天亮了哦！ 来一起玩吧~ 阻止！ 再不开饭就集体饿死了喵

早上好！

5:30 **10:00** **12:00** **14:00**

猫咪们的
悠长一天

懒洋洋，暖洋洋

5:30 ● 起床与日出的时间一致（夏天 5:30 / 冬天 7:00）。茄子妈妈去叫猫家长起床准备早餐。舔猫家长的脸和眼睑，直到唤醒为止。床下面肚子饿的稻荷正把气撒在海苔卷身上，揍得海苔卷体无完肤……

10:00 ● 猫家长工作间隙，来客厅休息。藤子也一起来，玩它的橡胶锤子，蹭一蹭，躺在地上打个滚。

12:00 ● 中午。刚打开报纸准备看看，就遭遇结队来骚扰的猫咪军团。怎么也不让你翻到下一页。

14:00 ● 肚子快饿了，开始暗示猫家长。

17:00 ● 晚餐时间。家里瞬间安静。

20:00 ● 零食时间，吃些肉干或脆脆的干猫粮。

21:00 ● 在玄关把鞋子都踩瘪，等等看看猫家长会不会赶来呵斥。

23:00 ● 茄子妈妈命令小猫们"睡觉！"不听从就会有麻烦，只好乖乖就范。于是全员几乎同时进入梦乡。

(22)

阳光照不进来喵~

猫塔
站在猫塔上，会沉浸在自己的世界里。向下俯瞰，似乎感觉自己变得强大了。

猫笼袋
为了不让猫咪们觉得猫笼袋是个很可怕的东西，平常会把猫笼袋放在猫的生活区域。赋予其一种"用或不用，它都在那里"的日常感。

玩具收纳
回收利用塑料瓶，用来收纳逗猫棒一类的细长玩具，瓶底用石头来增加重量，以免瓶子倾斜翻倒。

飘窗
巡回视察中。偶尔会玩抛球接球的高难度游戏。

茄子的秘密基地
上午的时间，茄子有时候会跑进猫家长的旅行袋里睡觉。

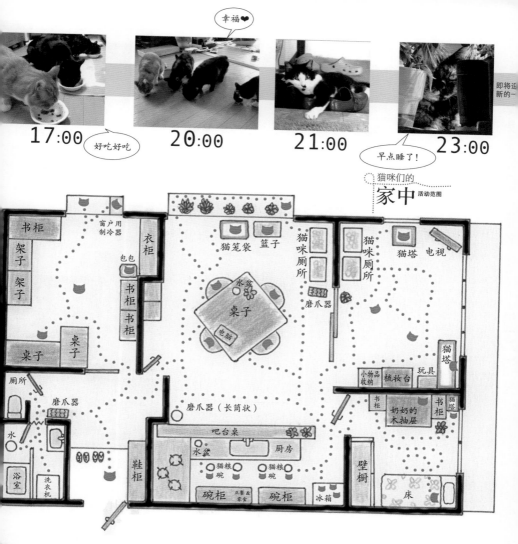

用餐处
每只猫的用餐座位是固定的。这想必是各自势力范围的中心吧！（笑）

猫咪厕所
为猫咪们分别准备了厕所。如果不遵守规矩，就会从便便中分析查明是谁打破了规则。

篮子·箱子
到处都找不到可以人猫共处的篮子。照片里是外面澡堂装换洗衣服时用的衣物篮。猫咪们很喜欢。我们家是3只定员。

个性猫咪们的
秘密爱好物品

堀田家猫咪们钟爱的
玩具

羽毛

50 cm ~ 60 cm 长的绳子的一端，用橡皮筋绑上羽毛，另一端绑在棍子上。（使用铅笔做棍子时，用小刀在笔身上划一道口，固定绳子，以免滑动）。

羽毛用捡来的鸽子或乌鸦的羽毛。经过充分洗净，除菌处理。鸽子的羽毛较小，可将 2~3 根绑在一起。

逗猫的时候，先摇动棍子，使另一端羽毛发出扑打的声音。再将羽毛缓缓掉落在猫咪跟前 50 cm 的位置。假装是一只飞累了的鸟。逗猫十分考验猫家长的技巧！

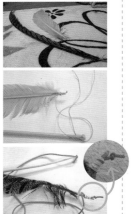

报纸

对折再对折，在折痕中间剪一刀，掏开一个陷阱。在洞口下面用逗猫棒等动一下，猫咪会奋勇跳进报纸里。

报纸的
最终结局

受不了
了喵～～

麻绳

没来由地喜欢麻绳。可能是喜欢气味吧，看它嗅着麻绳，露出了愉悦的表情。

橡胶锤子

藤子是唯一一对橡胶锤子（天然橡胶制造，威力强大）有反应的猫，其喜欢程度甚至可以代替木天蓼。橡胶迷迭香?

年迈猫咪的游戏方式

幼年的猫咪不管看到什么物体，只要是在动，都会飞扑上去。但若老是同一个逗猫棒逗它们，聪明的猫会渐渐明白其中的道理，变得乏味。但年迈的猫咪不见得已经丧失了捕获猎物的乐趣。猫家长选择配合猫咪的节奏，慢慢晃动逗猫棒，尽量设计让它们扑 3 次可以捕到一次。这样猫咪就可以在身体状况允许的情况下得到相应的锻炼。

日常健康检查

我们家的猫早晚各两次，每天 4 次进食。总共吃固定量的干猫粮和一个 80 g 左右的猫罐头。能不能吃完这个既定量，成为健康检查的标准。一餐吃不下不足为奇，但若哪一天连续两顿都不吃的话，就说明身体出了些什么问题。多观察，多触碰，多闻。闻闻它们的头部、尾部、肉球，如果发现有什么异常，尽快与宠物医师联系，寻求专业意见。因为我们家 4 只猫都上了年纪，我已经有心理准备，如果哪一天哪一只走了，也要冷静对待这一自然界的正常规律。

按素材分类的
手作猫咪玩具

纸箱 / 卷纸芯 / 报纸 / 麻绳 / 袜子

用生活中常见的物品，制作了一些猫咪喜欢的小玩具。

到底猫咪们喜不喜欢呢？大家可以通过小屏幕（圆圈照片）参考猫咪们的反应。

参与测试的猫咪简介

特别感谢:Shinya Hirata&Misa

呆呆

4 月出生　13 岁　6 kg

混种挪威森林猫　男生

加百利

6 月出生　11 岁　6 kg

阿比西尼亚猫　男生

虎太郎

5 月出生　8 岁　6.3 kg

黑白猫　男生

文太

11 月出生　3 岁　5 kg

茶色虎斑猫　男生

飒太

11 月出生　3 岁　5 kg

茶色虎斑猫　男生

小黄豆

11 月出生　3 岁　无法记重

茶色虎斑混白猫　女生

小福福

4 月出生　6 个月　1.8 kg

虎斑猫　男生

铃铃（P58）& 小麦麦（P68）

※ 为避免麻绳、木头珠子等小物件被不甚误吞、误食，请在猫家长陪伴的情况下玩这些玩具。使用后请放在猫咪够不到的地方保管

照片：Shinya Hirata. CRKdesign　玩具编辑 & 插画：铃木久美子

用纸箱制作
猫抓板 & 猫座

design&product:Takako Koizumi

喵～
有可爱的猫抓板

一次性完成两种猫抓板：
曲线形和鱼形

让我们把家里越来越多的纸箱有效利用起来。手
工制作的猫抓板比市面上销售的设计上更具有创
意性。这次我们将介绍两种猫抓板的制作方法，
这是令本次参与实验的猫咪们欲罢不能的猫抓
板哦！

准备材料：
纸箱、黏合剂、麻绳、切刀、亚克
力水彩

切好一张之后，
用它来做模型制作
其他的 49 张

8 cm

32 cm

※ 图案底板参照本书封底内侧

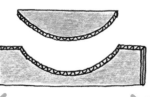

1 如封底图那样切
纸箱，切 50 份

曲线形猫抓板

鱼形猫抓板

2 用黏合剂将它们贴在一起

2 用黏合剂将它们贴在一起

※25 张作为一
组，做两组

3 把 **2** 完成的贴在剪成鱼形状的纸箱上
面，涂上颜色就大功告成啦！

※ 模型参照本书封底内侧

16 cm

鱼形部分

32 cm

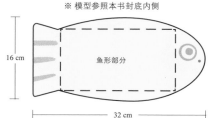

猫咪也想要有个座垫喵~

测试猫评分表

方便！	马马虎虎	普通	非常有趣	非常好玩	看看而已	赞！

平织猫坐垫

把纸箱剪成细长的纸条，简单纵横交接地编织一下，猫坐垫就完成啦！坐在上面悠闲舒适，还可以磨爪子。猫咪玩厌了的话还可以用做锅垫！

冬暖夏凉，深得我心~

1 把纸箱如图那样切15条

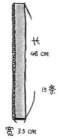

长 48 cm

15条

宽 3.5 cm

2 把长条纵横交接进行编织

左右各留5 cm

3 把头尾折起来用黏合剂贴好

好舒服啊

就这样制作完成啦！（约33 cm）

还可以挂在墙上，抓抓看~

也让我玩一下啦~

这条小鱼眼睛好可爱喵~

这角度磨着好舒服，下次再做一个给我吧！

这里也相当安心呀~

纸
箱

用纸箱制作 猫咪
带吊床的巴士

design&product:Yasuko Endo

舒服

● 带吊床的猫咪巴士

黑猫宅急便的纸箱相当结实，可以承受猫吊床的重量。在四周打孔，用棉线做网，可以和爱猫一边玩耍一边完成。

准备材料：黑猫宅急便快递车造型的纸箱（长52 cm×宽35 cm×高29 cm）或其他结实的纸箱、胶带、麻绳或棉绳、打孔机、美工刀

可以蹲在上面，坐进车里，还可以隔着网嬉戏打闹。测试猫咪之一的小福福非常满意这部猫咪巴士

有好多玩法喵~

 1

组装好纸箱，底部用胶带固定。上盖往内折，用胶带紧紧贴在四周的纸板上。在四周用打孔机打出用来穿绳子的孔

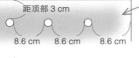

长边6个孔（间隔8.6 cm）

距顶部3 cm

8.6 cm　8.6 cm　8.6 cm

短边15个孔（间隔2.7 cm）

距顶部3 cm

2.7 cm　2.7 cm　2.7 cm

也可以玩穿过网取出里面的玩具的游戏！

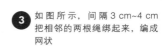

2 准备15根170 cm长的棉线，如图所示从上面穿过孔里

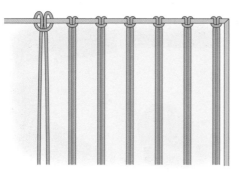

3 如图所示，间隔3 cm~4 cm把相邻的两根绳绑起来，编成网状

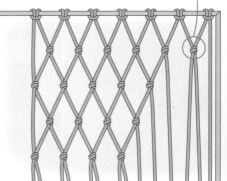

测试猫评分表

超赞!

上方（起绳）

下方（收绳）

玩累了在
吊床上午睡~

纸箱

卷纸芯

报纸

麻绳

袜子

三花猫小伙伴

羡慕呀!

如果猫咪玩
腻了……

可以变成
储物箱!

上方（起绳）

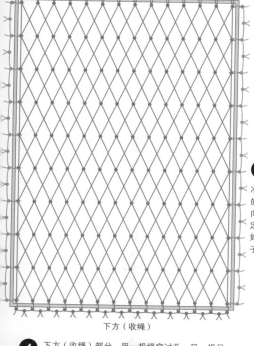

下方（收绳）

5 准备 20 根 40 cm 长
的绳子用在侧面，纵
向牵引网的绳结，固
定在侧面的孔上。系
好的绳也和旁边的绳
子打上结

※ 吊床的网格松掉后，要用新的
绳子重新牢牢绑起来

6 配合箱子的图案挖出
窗户就完成了！

4 下方（收绳）部分，用一根绳穿过孔，另一根尽
可能系紧打结。然后再和旁边的绳子打上结

 145

纸箱

卷纸芯

报纸

麻绳

袜子

用纸箱制作
多用猫爬架

design&product:Takako Koizumi

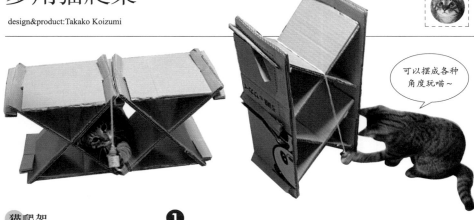

可以摆成各种
角度玩喵~

猫爬架

把两张纸板粘在一起提高硬度，切出凹槽然后组装起来的猫爬架。可以爬上去，也可以从中间穿过……撞上去也没问题！用双层纸板之类的硬度较高的纸板制作的话可以延长寿命。坏掉的话再做一个就好啦！

准备材料：纸箱、美工刀

坐上去的
时候有体重限制
的喵~

 如图，准备各种形状的纸板各4张，每两张粘在一起

A

B

C

❷ 把B和C组装成X字形

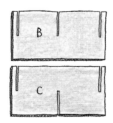

❸ 在❷的成品上下分别装上A

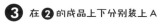

❹ 完成！

有很多种
玩法喵~

用旧衣服和瓶盖制作
废物利用玩具

design&product:Chiaki Kitaya & Yasuko Endo

用彩色的 T 恤做一个猫房！

把旧 T 恤套在纸箱上，在袖口和领口处都挖出圆形的孔。可以自由出入、隐藏自己、在里面午睡……猫咪的小基地就做好了！猫咪长大后没法钻进去玩的时候也可以作为玩具收纳箱。

准备材料：旧 T 恤、纸箱、美工刀

超赞！

钻不进去

彩色的好可爱！

用瓶盖做玩具球

把两个纸包装的果汁盒盖子相对并且粘在一起，放进一些豆子（小豆、大豆等），用纸胶带把接缝处缠起来就完成了！当然，用普通饮料瓶盖也可以，但果汁盒盖子更大更圆，也许更适合。

准备材料：各种瓶盖两个、豆子、纸胶带

好像哪里不对劲~　　毫无设计感~

滚动的方式恰到好处喵~

有一点点窄啊喵~

仅限小猫？旧牛仔裤做成的密道

稍微宽大的牛仔裤或者男士休闲裤，在丢掉之前先利用起来给猫咪做玩具吧。把百元（日元）店买来的手工用垫板卷起来作为内芯，内侧用胶带粘牢。在里面放进猫咪喜欢的东西，让它掏出来吧。给小猫玩的话可以在顶端开几个孔，也许会在里面藏起来，或者试着钻过去？

准备材料：旧牛仔裤或者休闲裤、纸板、手工用垫板、美工刀

呼呼呼……

超赞！

开心喵！

用卷纸芯制做
小摆件和玩具

design&product:Kuma Imamura & Chiaki Kitaya

猫咪收纳小物件

在卷纸芯上切好图案然后折一下就可以轻松做出猫咪。用胶带或彩笔画上花纹，可以放在柜子里作为摆饰，也可以作为收拾盒或杂物收纳。在猫咪的肚子里装上小饼干，可以一边玩一边吃。画上爱猫的纹路、朋友家猫咪的纹路……做上好多排起来吧！

准备材料：卷纸芯、剪刀、彩色胶带等

背面样子也很可爱~

做小猫（一支卷纸芯可以做两只猫哦！）※ 图案底板印在封底内侧

1 在卷纸芯的两端贴上胶带

2 用美工刀从中央对半切开。按照图案底板勾出轮廓

3 从耳朵部分开始剪出形状

4 剪好的样子

做大猫。※ 图案底板印在封底内侧

1 把底板上的尾巴沿着纸芯的缝勾出轮廓后剪下

2 剪出尾巴、耳朵、腿和身体

3 全部剪好后在耳朵部分贴上胶带，做好形状后剪掉剩下部分

4 在尾巴的内外两面都贴上胶带，剪掉剩下部分

测试猫评分表

难说	?	一般般	蛮开心	有趣	无感	不错!
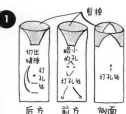						

① 剪掉

切出缝隙
打孔处
后方

略小的孔
打孔处
前方

打孔处
侧面

用小尖头锥打孔哦

在卷纸芯上如图所示剪掉后打孔

※ 图案底板印在封底内侧

猫咪拨浪鼓

用卷纸芯做的拨浪鼓。左右旋转的时候小木球会发出咚咚的响声。

准备材料：卷纸芯、剪刀、小尖头锥、彩色胶带、彩笔、毛线或麻线、小木球、一次性筷子、铃铛

画得可爱哦

② 用彩笔在前方画上纹路

③ 如图所示，用线穿过孔，再穿过小木球后两头打结。脖子的部分系上铃铛后打结

④ 用一次性筷子穿过背后的切口

⑤ 在后方贴上彩色胶带，然后穿过尾巴

前方
用胶带粘住
内侧

⑥ 从内侧把一次性筷子和⑤的尾巴部分用胶带粘起来

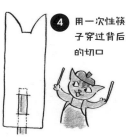

⑤ 背的部分向内折，沿着弧形折起来

⑥ 用金色的彩纸做好眼睛后完成。剩下的半支纸芯也用同样方法制作

⑤ 背的部分向内折，沿着弧形折起来

⑥ 完成。从后面看也很可爱哦

※ 小木球如果掉下来，被误吞会导致危险，所以需要小心。在能够看到的范围内玩吧。担心出事的时候请不要玩耍

用报纸制做
纸糊猫窝

design&product:Kumiko Yajima

纸箱

卷纸芯

报纸

麻绳

袜子

纸糊的猫窝

用猫咪们最爱的报纸和淀粉糨糊制作了一个纸糊工艺的猫窝。一边想象着猫咪睡进去的样子，一边粘粘黏黏，慢慢享受制作中的乐趣。因为晾干后会收缩，纸球的大小最好是猫咪蜷缩时大小的 1.5 倍。

1 给游泳戏水球充气、剪报纸

3 cm~7 cm 的方形

2 第一层的报纸只是用水浸湿就好，第二层开始用糨糊粘起来

用报纸做猫耳

留出游泳戏水球的吹气口的位置

淀粉糨糊

糨糊 1:2 水

3 干燥后，将放掉空气后的游泳戏水球取出，里面也烘干

可以用吹风机烘干

4 将吹气口周围剪成圆形，用报纸糊整齐。涂上颜色，再涂上哑光的清漆就制作完成了

用报纸做猫窝！

1 所需工具有游泳戏水球或者气球、报纸、淀粉糨糊、笔、洗笔桶、丙烯酸颜料

2 将报纸撕成边长为 5 cm~7 cm 的正方形后放到水里

3 将湿报纸粘到球上

4 全部粘上后再涂上淀粉糊，再反复粘盖。留出吹气口的位置

腰高虎也被做成了邮票图案

●小知识：什么是"纸糊工艺"？

腰高虎的旁边坐着看店的猫咪

左边是木制的、右边是用和纸粘贴制作的

降魔本阵达摩不倒翁

有吉祥寓意的赤鲷、金鲷

在梅花、桃花、樱花同时绽放的三春町
邂逅传统的纸糊工艺

photo.Yoshiharu Ohtaki

数年前到访的福岛县三春町是一座从日本神话中走出来的梦幻村庄。梅花、桃花、樱花同时绽放，如同3个春天同时到来，为此被命名为三春町。它在江户时期迎来鼎盛期，制作出很多富有跃动感的精美绝伦的人偶。如今的三春町仍有工坊使用传承的技法，延续着充满个性的纸糊工艺的制作。一起在家也可以轻松挑战制作纸糊工艺吧！

这是个玩具箱吗喵？

太小了进不去喵～

好黑啊这是哪～

片上的是小奶猫用的猫窝。需要找个大点儿的游泳戏水球或者气球制作成年猫咪用的猫窝

5 粘盖5层左右后烘干，再用同样的方法用报纸和淀粉糊糊反复粘盖

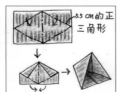

3.3 cm的正三角形

6 如图所示折两个耳朵

7 将耳朵粘在猫耳朵的位置，多粘几层固定好。干燥后放掉空气将球取出

8 完全晾干后，涂上喜欢的颜色。不涂颜色也OK！

纸箱

卷纸芯

报纸

麻绳

袜子

用麻绳制作
各种逗猫绳

design&product:Yasuko Endo & Kumiko Suzuki

> 好可
> 爱喵～

软木塞鼠小弟逗猫绳

用风筝线将软木塞（鼠小弟身体）和木珠穿串起来。心形的耳朵是萌点。虎斑猫兄弟都很喜欢，争抢着玩耍～

准备材料：软木塞、大颗或中等的木珠、一小块毛毡料、风筝线、打孔工具、剪刀

麻编鼠小弟的
逗猫绳

用羊毛毡做鼠小弟的身体和耳朵部分。用彩色的绳子和毛线等做了一大把，光是挂在那里就不禁赞叹可爱。测试猫咪们懒洋洋地咬一咬，扯一扯，玩着玩着慢慢睡着……

准备材料：麻绳、羊毛毡、双面胶、剪刀、筷子、风筝线

> 有设计感，
> 又实用好玩喵～

风筝线用三股辫编法，再串上软木塞、心形毛毡等

作为手提绳的风筝线，长度可按照喜好适当调整

打结处塞入木珠里

直径1.4 cm 的木头珠子

2 cm

2 cm

心形
羊毛毡

软木塞事先剪裁成 2 cm~3 cm 的长度，并纵向中心穿孔

线圈

绑一圈

风筝线编织的三股辫9cm

把3根风筝线上端打一个结，再编成三股辫

直径1cm
的小木珠

绑一圈

3根长30 cm 的风筝线

※ 给猫咪玩耍时请不要离开视线，以免木珠掉落时有误食的危险

> 什么喵？
> 扯扯这里吧

> 还蛮可爱
> 的～

> 困了，睡醒
> 再接着玩～

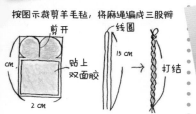

动态变幻莫测，
好玩喵~

测试猫评分表

被圈粉	马马虎虎	有趣	好玩	有意思	一般般	赞！

按图示裁剪羊毛毡，将麻绳编成三股辫

剪开

贴上
双面胶

线圈

15 CM

打结

2 CM

2 把上一步骤中剪好的羊毛毡，裹在编成三股辫的麻绳外侧

卷一卷

3 用麻绳绕绑鼠小弟的身体外形

线圈

将单根麻绳放置于鼠小弟的腹部

穿过线圈

拉扯

拉到直至右边的线头完全隐藏

多余的部分剪掉

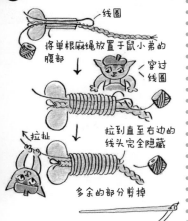

喵吗

这是虫虫玩具吗？好可爱喵~

4 通过风筝线，串绑在筷子（手柄）的另一端，完工！

仅用麻绳简单编织就可以制成可爱的逗猫绳哟

🐾 编织版逗猫绳

用手工编织手链的基本方法，制作简单的螺旋形逗猫绳。

准备材料：麻绳、铃铛。

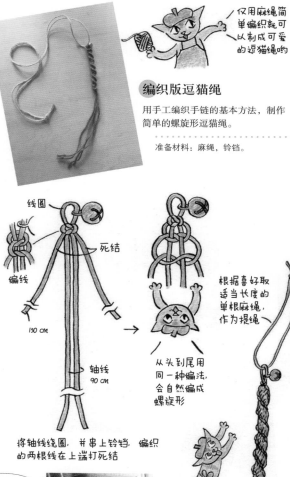

线圈

死结

编线

150 CM

轴线
90 CM

根据喜好取适当长度的单根麻绳，作为提绳

从头到尾用同一种编法，会自然编成螺旋形

将轴线绕圈，并串上铃铛，编织的两根线在上端打死结

153

用袜子制作
踢踢玩偶

design&product:Yasuko Endo

测试猫评分

怪怪的	大爱!	喜欢~

踢踢猫枕

猫咪常常会用两只小手手抱住物品然后猛踢，这款用袜子改造的踢踢抱枕，就可以让猫咪任意发泄。在抱枕（猫咪形状）的腹部口袋里，放入木天蓼碎末。参加测试的猫咪们反应各异。铃铃敬而远之，小福福抱住就是一阵咬咬踢踢，而当时已经拥有踢踢猫枕 3 年的小麦麦，每当心情不好会从玩具篮里翻出抱枕一顿狂踢。

准备材料：袜子、羊毛毡、棉花、线、针、剪刀

战战兢兢

这家伙是谁？

鸟类或是猫家长惹我不开心了，就抱着发泄踢踢，心情舒畅~

一场飞猫腿酣畅淋漓喵~

喂！你挡到我的路了喵！

气死我喵！

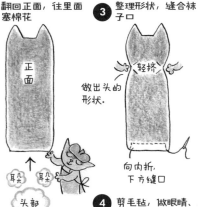

可以舒解压力喵

1 把袜子内外翻出，制作耳朵

剪切口

用缝纫机或回半针的针法手缝两次

反面

坐飞机时拿回来的袜子双层叠加制作

○ × ex

只量使用无后跟袜制作，薄袜子建议使用双层设计

2 翻回正面，往里面塞棉花

正面

↑ 耳朵 耳朵

头部

身体

3 整理形状，缝合袜子口

轻挤

做出头的形状.

向内折，下方缝口

4 剪毛毡，做眼睛、鼻子备用

白眼球直径 1.8 CM
用暗针细细缝上

缝一张喜欢的脸

5 暗针缝上眼睛和嘴形，嘴巴和猫须用倒缝表现

暗针

倒缝

向内折叠并缝合

放入木天蓼粉末

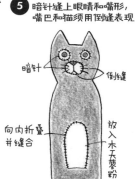

供您参考喵~

针脚要细，被猫咪猛踢也没关系！

小泉贵子的

猫咪语录

【春眠不觉晓】

春天夜短，气候适宜睡觉。天亮之后迟迟不愿醒来。

这也是猫咪的常态。

【两双草鞋】

原意指同一个人无法兼顾两种既有的职业。

猫咪诠释的「两双草鞋」，单纯指猫咪可以前肢后肢各穿一双草鞋。

【一网打尽】

比喻把坏蛋全部抓住，一个也不漏。

对于猫咪来说，鱼，远比恶人更实际。

版画·文章：小泉贵子（她也是 P28 小次郎的猫家长）

在土耳其
遇见猫

photos&report:CRKdesign

蓝色清真寺

超美味
喵～

齐切克帕塞基 (CicekPasaji)

坐落在伊斯坦布尔新市区的海鲜餐厅街，林立着新艺术派（art nouveau）风格建筑群，一个小鱼市隐匿其中，点好鱼料理刚刚坐下，就有猫咪围聚过来要食物

蓝色清真寺附近的博物馆，四目相对，透过建筑外的星形栏杆

从这边望出去别有洞天喵～

店员摆出当日推荐的新鲜鱼类，客人可以自由选择想吃的鱼和具体烹饪方法

我是土耳其风三毛猫喵～

Sirkeci 旧车站

位于伊斯坦布尔的旧市区，也是东方快车的终点站。现在已经修建了新车站，旧址人烟稀少，还自带中庭，简直是猫咪们的天堂……

有好吃的分享喵？

喵星人"农民揣"。乍看还以为它在笑，定睛才发现，原来在张嘴打哈欠

我们的庭院很美吧喵～

1883 年投入使用的 Sirkeci 旧车站。彩绘玻璃和吊灯充满了时代感。欣赏完壮观的建筑和慵懒的猫咪们，前往车站餐厅

晃晃
悠悠

土耳其语中，呼唤猫咪的时候，会讲"比修~比修~"

嘿，你从哪里来啊喵~？

面包店的招牌猫

你们从日本来的？

纳勒汉

距离土耳其首都安卡拉2小时车程。这里的人们成功依靠蕾丝花边艺术振兴小镇。在一座开满杏花的小山丘上，当我对着一家门前的猫咪准备按下快门时，这家的小男孩抱起猫咪，"这是我家的猫哦！"但喵星人似乎不喜欢被抱着，那努力挣脱的样子可爱至极

你想怎样？

你才是想怎样！

这两只是我从清真寺街沿路下坡，前往托普哈内（Tophane）的路面电车站的路上遇见的。上演乖乖牌与痞子猫制衡的一幕

玛哈巴面包，松软可口哦喵~

穆杜尔努（Mudurnu）

安纳托利亚地区的一个小镇。穿过一条杂货街，眼神与喵星人对上。叫几声"比修~比修~"，猫咪们就会主动靠上前来。看着它们泰然自若的神情，不难清到当地居民对猫的喜爱程度

你谁呀……

王子清真寺

这座位于旧市区的清真寺，庄严雄伟，在墓地附近，有一个大字写着"猫咪之家"的手作猫屋。人们在四周放上大号矿泉水瓶改造的猫粮碗，并在院子里撒布面包屑，目的就是不饿着猫咪们

杜乃尔（Tünel）车站

世界上最短的地铁杜乃尔的车站遇见的猫。因其姿态充满哲思，不由得凑近了看它

惬意写在脸上喵~

斯航吉尔 (Cihangir) 的古董街

斯航吉尔是伊斯坦布尔新市区的繁华地带，类似于日本东京遍布着网红咖啡馆的年轻人街区：代官山。这里正在推进人猫共存的生态环境。在古董店（废品回收站？）街遇见的猫咪，身披豪华布皮草

本书登场的

58 只猫咪

寿命排行榜（2016 年）

22 位猫家长的 58 只个性爱猫按年龄排序。

长寿冠军是吉松家的狮爷爷。此处应有鲜花和掌声~

年轻的猫咪们也对狮爷爷顶礼膜拜……我们特意请来狮爷爷分享它长寿的秘诀。

※ 猫咪的年龄换算成人的年龄，1 岁的猫咪约 15 ~ 17 岁，2 岁的猫咪约 24 岁。之后每过一年加 4 岁

17~18 岁	17 岁	小矮 P80	桃桃 P130		18 岁	三三 P130
15~16 岁	15 岁	小次郎 P28	太朗 P80	玛丽 P88	娜娜 P88	小雪 P88
10~14 岁	10 岁	铃铃 P58	弗丝图库 P88	乔拉普尔 P88	托森 P88	诚诚 P130
8~9 岁	8 岁	普林斯 P22	小春 P74	斯里皮 P88	空士 P96	丹丹 P96	豆子 P118
4~7 岁	4 岁	阿银 P96	蜂蜜蛋糕 P104	羊栖菜 P104	目目 P118	5 岁	樱先生 P62
1~3 岁	1 岁	栗太郎 P118		3 岁	吱太 P34	博蒂 P40	阿雅妹 P62

相当于人类的
96 岁高龄

恭喜恭喜

长寿 No.1 的狮爷爷 20 岁
特别采访

P104

年轻时的狮爷爷

狮爷爷　男生

在女儿的朋友家长到 5 岁，因为猫家长搬新家不允许养宠物，所以来到了吉松家。原本家里猫咪都是用食物取名字的，但当时狮爷爷已经被叫了 5 年"狮狮"，也就没有给它换名字了。别看它现在性格沉稳，刚来的时候凶暴乖戾，害得好几个家人受伤被送去医院。

Q： 狮爷爷长寿的秘诀是？

A： 好好吃饭，和女孩子打情骂俏喵～

Q： 目前为止最开心的事？

A： 刚来吉松家的时候，牛奶和可可已经在这里了，当时我性情暴躁（对新环境的不安和恐惧），它们却非常包容我，把我当作家人。之后吉松家又迎来了很多从其他地方收留回的猫咪，大伙都热情地叫我"狮爷爷""狮爷爷"。目前为止最开心的事情，就是当上了吉松家猫咪们的大家长吧喵～

Q： 请给想要成为狮爷爷一样的猫咪们一些建议。

A： 吃光家人准备的每餐食物，不剩饭不剩菜。对女生要有绅士风度。睡觉和玩耍都要尽兴。家人拿逗猫棒在你面前晃，即使懒得搭理，也要尽量配合，表现出很兴奋。

猫家长获奖感言：感谢获此殊荣！世上还有很多更长寿的猫咪，吉松家会以此为目标，哪怕是一年两年，让狮爷爷活得更久更久。

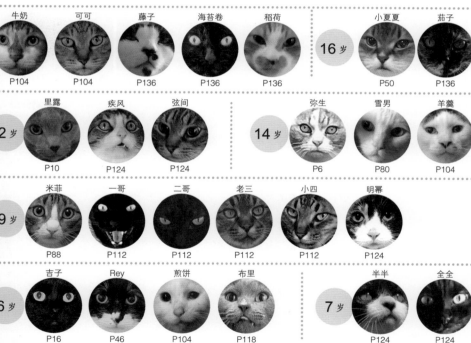

牛奶	可可	藤子	海苔卷	稻荷		小夏夏	茄子
P104	P104	P136	P136	P136	**16 岁**	P50	P136

	里露	疾风	弦间		弥生	雪男	羊羹
2 岁	P10	P124	P124	**14 岁**	P6	P80	P104

	米菲	一哥	二哥	老三	小四	明幂
9 岁	P88	P112	P112	P112	P112	P124

	吉子	Rey	煎饼	布里		半半	全全
6 岁	P16	P46	P104	P118	**7 岁**	P124	P124

小麦麦	岸田今日子	岸田森	海苔便当
P68	P104	P104	P124

本书猫咪年龄索引

对哪只猫咪的故事感兴趣，请翻到相应的页面回顾哦！

伊斯坦布尔的加拉塔大桥……鲭鱼三明治 & 口味浓郁的艾菲尔啤酒

伊斯坦布尔清真寺的中庭，猫咪的旁边放着人们准备的奶茶。可以看出土耳其的猫咪们受到当地人的无限关爱

图书在版编目（CIP）数据

58只猫咪的轻松日常 / 日本手工艺设计创作室编；
李潇潇译. — 北京 ： 北京美术摄影出版社，2021.4
ISBN 978-7-5592-0396-0

Ⅰ. ①5… Ⅱ. ①日… ②李… Ⅲ. ①猫—图集 Ⅳ.
①S829.3-64

中国版本图书馆CIP数据核字(2021)第012291号

北京市版权局著作权合同登记号：01-2020-3137

责任编辑：耿苏萌
助理编辑：于浩洋
责任印制：彭军芳

58只猫咪的轻松日常
58 ZHI MAOMI DE QINGSONG RICHANG

日本手工艺设计创作室　编
李潇潇　译

出　版　北京出版集团
　　　　　北京美术摄影出版社
地　址　北京北三环中路6号
邮　编　100120
网　址　www.bph.com.cn
总发行　北京出版集团
发　行　京版北美（北京）文化艺术传媒有限公司
经　销　新华书店
印　刷　广东省博罗县园洲勤达印务有限公司
版印次　2021年4月第1版第1次印刷
开　本　635毫米 × 965毫米　1/32
印　张　5
字　数　220千字
书　号　ISBN 978-7-5592-0396-0
审图号　GS（2020）5969号
定　价　58.00元

如有印装质量问题，由本社负责调换
质量监督电话　010-58572393

作者简介

日本手工艺设计创作室　CRKdesign

平面设计 & 工艺设计：由北谷千显、江本薰、今村熊、远藤安子、矢岛久美子、吉植典子6人共同创立的设计工作室。旨在发挥自由的想象，拓宽设计的可能性。进行各种相关策划，作品制作，书籍设计，编辑，造型等项目。

为了制作本书，聚集了工作室成员中的爱猫人士，从策划、编辑，到猫咪玩具的设计与制作，到远赴土耳其取景，前后用了1年时间完成这本书的创作。小组成员中有人加入了猫咪协会，结识了很多猫友。

日本手工艺设计创作室团队先后出版《串珠钩织饰品Vol.1～3》、《和服之乡·探寻日本染织工艺之美》、《小巧可爱的串珠刺绣》、《麻绳和天然素材的工艺设计BOOK》[以上4本均为株式会社图像出版社（Graphic）出版]、《镶嵌串珠的小饰品集锦》（高桥书店出版）。其中，多本曾被翻译为外语版。现今一直在积极开展各种展览和手工研习班等活动。